Ingo Wagner / Simone Neher-Asylbekov (Hrsg.)
Kristina Butsch / Lea Fink / Vivian Haspel / Maximilian Muth /
Maysun Naamnih / Maximilian E. Neller / Leander Scholz /
Eileen Schwarz / Mara Uetzels / Alina Leona Wagner /
Stella Wolski

MINT interdisziplinär unterrichten

Lernstationen für Biologie, Chemie und Sport

Cornelsen

DIE HERAUSGEBERIN UND DER HERAUSGEBER

Dr. Ingo Wager ist Professor und Leiter des Arbeitsbereiches für interdisziplinäre Didaktik der MINT-Fächer und des Sports am Institut für Schulpädagogik und Didaktik (ISD) des Karlsruher Instituts für Technologie (KIT).

Simone Neher-Asylbekov ist Studienrätin an einem Gymnasium und aktiv für das Zentrum für Schulqualität und Lehrerbildung (ZSL) Baden-Württemberg.

Projektleitung: Maren Krüger, Berlin
Fachlektorat: S&L Redaktionsbüro GbR, Wiesbaden
Umschlaggestaltung: Corinna Babylon, Berlin
Umschlagfoto: stock.adobe.com/piai (Spinnennetz); stock.adobe.com/michalsanca (Läufer/-innen)
Grafik, Illustration, Foto: Stella Wolski; außer: Ingo Wagner (S. 5 links); Simone Neher-Asylbekov (S. 5 rechts); Eileen Schwarz (S. 25/26); Julius Ecke (S. 54 oben); Jörg Mair, München (S. 77/78); die Bildquellen der Stationsblätter, Hilfskarten und Infoboxen finden sich direkt auf den jeweiligen Seiten
Layoutkonzept: Studio SYBERG, Berlin
Layout und technische Umsetzung: LemmeDESIGN, Berlin

www.cornelsen.de

1. Auflage 2024

Dieses Werk enthält Vorschläge und Anleitungen für Untersuchungen und Experimente. Vor jedem Experiment sind mögliche Gefahrenquellen zu besprechen. Beim Experimentieren sind die Richtlinien zur Sicherheit im Unterricht einzuhalten.

HINWEIS WEBCODE
Wird in dem Buch auf einen Webcode verwiesen, können Sie Zusatzmaterialien aus dem Internet herunterladen. Sie finden dazu eine Buchstabenkombination an der jeweiligen Stelle im Buch. Geben Sie diese unter www.cornelsen.de/codes ein, um zu den Materialien zu gelangen.

Druck: Athesiadruck GmbH

ISBN 978-3-589-16928-3

PEFC
PEFC/18-31-166
PEFC-zertifiziert
Dieses Produkt stammt aus nachhaltig bewirtschafteten Wäldern und kontrollierten Quellen
www.pefc.de

Inhaltsverzeichnis

Vorwort

Liebe Leserinnen und Leser,

anders als im gängigen Schulunterricht ist unsere Lebenswelt nicht in Disziplinen unterteilt. Vielmehr finden wir in unserer Lebenswelt häufig komplexe Probleme vor, zu deren Lösung ein interdisziplinär vernetztes Denken notwendig ist.

Um Kinder und Jugendliche auf diese Anforderungen vorzubereiten, möchten wir traditionelle Denkweisen um neue Herangehensweisen bereichern und interdisziplinäre Problemlösekompetenzen stärker in Unterricht und AGs verankern. Dazu haben wir innovative Lernstationen entwickelt und für Sie zusammengestellt.

Im Fokus der Heftreihe stehen dabei die Fächer Mathematik, Informatik, Naturwissenschaften und Technik (MINT) sowie ihre Verknüpfungen untereinander, und Verbindungen zu Sport, Bewegung und anschaulichen Körpererfahrungen.

Die hier präsentierten Lernstationen werden durch eine ausführliche Beschreibung illustriert, die eine prägnante Analyse des fachlichen Hintergrunds, Überlegungen zum methodisch-didaktischen Vorgehen sowie zu benötigtem Vorwissen und Differenzierungsangeboten enthält. Zu jeder Station wird ein Stationsblatt mit Informationen und Aufgabenstellungen für die Schülerinnen und Schüler bereitgestellt. Zugehörige Arbeitsblätter, auf denen die Lernenden ihre Bearbeitungen notieren können, sowie Lösungen und ergänzende Materialien sind kostenlos online abrufbar. Die curriculare Verankerung der Stationen wird beispielhaft für das Land Baden-Württemberg erläutert, lässt sich aber auf die anderen Bundesländer übertragen.

Viel Freude beim Lesen und Ausprobieren wünschen Ihnen

Ingo Wagner & Simone Neher-Asylbekov

HINWEIS WEBCODE
Mit Eingabe des Webcodes auf www.cornelsen.de/codes oder alternativ direkt über das Suchfeld auf www.cornelsen.de finden Sie das Zusatzmaterial zum vorliegenden Buch.
Code Kapitel 1: yovexo
Code Kapitel 2: vuxohu
Code Kapitel 3: paxeri
Code Kapitel 4: vefepe
Code Kapitel 5: tafare
Code Kapitel 6: rumusa
Code Kapitel 7: hehevi
Code Kapitel 8: mipine
Code Kapitel 9: cideya

1 Wundermittel Proteinshake?!?

Vivian Haspel

1.1 Kurzbeschreibung

Diese Lernstation soll den Schülerinnen und Schülern die Denaturierung von Proteinen in Abhängigkeit vom pH-Wert des Milieus näherbringen. Sie ist eingebettet in die Thematik der Verwendung von Proteinshakes als Nahrungsergänzungsmittel im Sport. Die Verbindung der Themenbereiche aus Biologie, Chemie und Sport wird über ein Experiment hergestellt, in dem die Schülerinnen und Schüler die Proteine identifizieren, die in den zur Verfügung gestellten Proteinshakes enthalten sind. Verwendung finden hier die am häufigsten in Proteinshakes vorkommenden Proteine Casein und Molkenprotein.

1.2 Rahmenbedingungen

- Zielgruppe: 9./10. Klasse
- Anzahl der Schülerinnen und Schüler je Lernstation: 2
- Zeitlicher Rahmen der Station: 30 Minuten
- Räumlichkeiten: Raum mit Fenster, um gelegentlich zu lüften
- Material: zwei Proteinpulver für drei Ansätze (1. Casein für Reagenzgläser A und B, 2. Molkenprotein für Reagenzgläser B und C), 6 Reagenzgläser (beschriften mit A, B, C, A', B' und C'), 3 Trichter, Stofftücher, Wasser, Essigessenz, Abfallbehälter für Feststoffe, Abfallgefäß für Flüssigkeiten, Pipette, 3 Spatel,
- Nötige Vorkenntnisse: saure und basische Lösungen, pH-Werte
- Digitale Zusatzmaterialien: Arbeitsblätter, Experimentieranleitung, Lösungskarten

1.3 Sachanalyse

Während des Sports benötigt der Körper viel Energie. Diese bezieht er unter anderem aus den körpereigenen Proteinen. Proteine nehmen jedoch wichtige Funktionen im Körper ein. Sie gelten deshalb nur im Notfall als Energiereserve des Organismus. Bevor der Körper Proteine in für ihn verwertbare Energieeinheiten umwandelt, werden zunächst der Blutzucker, die Glykogenspeicher und die Fettreserven aufgebraucht. Erst nach Stunden der körperlichen Belastung werden Proteine abgebaut.

Proteine werden aus einer langen Verknüpfung von 20 möglichen Aminosäuren zu einer Polypeptidkette gebildet (Sadava, Hillis, Heller & Hacker, 2017). Diese Kette, auch Primärstruktur genannt, faltet sich aufgrund von Wasserstoffbrückenbindungen zu α-Helices und β-Faltblättern. Solche Sekundärstrukturen ordnen sich dreidimensional zu einer Tertiärstruktur an und erfüllen dann eine spezifische Funktion. Neben Wasserstoff-Brückenbindungen wird die Tertiärstruktur zusätzlich von ionischen, hydrophoben und sulfidischen Wechselwirkungen gestärkt. Die Tertiärstruktur ist aufgrund der spezifischen räumlichen Anordnung der Aminosäuren an einer Stelle des Proteins dazu befähigt, eine bestimmte Reaktion zu katalysieren. Im sogenannten „aktiven Zentrum" kann hierbei nur ein bestimmtes Substrat in ein Produkt umgewandelt werden. Wird die Tertiärstruktur verändert, ist das aktive Zentrum nicht mehr zur Katalyse fähig. Diese Veränderung wird Denaturierung genannt. Denaturierte Proteine verlieren aufgrund der Strukturänderung häufig auch ihre nicht zur Funktion beitragenden Eigenschaften. So sind sie beispielsweise nicht mehr in Wasser löslich. Nach der Denaturierung bildet sich deshalb ein Niederschlag, der mit bloßem Auge sichtbar sein kann. Dass der Niederschlag mit bloße Auge sichtbar sein kann, hängt damit zusammen, dass die Struktur der Proteine nach der Denaturierung ein größeres Volumen hat. Die Proteine können dann mehrere mögliche Strukturen einnehmen und sind flexibler als in intaktem Zustand. Die Einnahme mehrerer möglicher Strukturen rührt daher, dass in denaturierten Proteinen keine Wasserstoffbrückenbindungen innerhalb des Proteins mehr gebildet werden können, sondern ausschließlich mit der Umgebung.

Denaturierungen können auf unterschiedliche Weisen herbeigeführt werden. Zwei wesentliche Möglichkeiten sind 1. das starke Erhitzen des Proteins und 2. das Einstellen eines pH-Werts, der nicht mehr im Toleranzbereich des Proteins liegt. Das Erhitzen von Proteinen führt dazu, dass Wasserstoffbrückenbindungen und hydrophobe Wechselwirkungen zerstört werden. Dadurch kommt es zur Veränderung der Tertiärstruktur (Sadava, Hillis, Heller & Hacker, 2017). Eines der bekanntesten Beispiele ist stockendes Eiweiß in der Pfanne. Jedes Protein besitzt ein spezifisches Temperaturmaximum: Steigt die Temperatur über dieses Maximum, denaturiert das Protein. Die in dieser Lernstation untersuchten Proteine haben Temperaturmaxima von 120 °C (Casein) und 60–70 °C (Molkenprotein) (Friedrich, 2019).

Eine Veränderung des pH-Werts beeinflusst polare Aminosäuren und damit die Anziehung und Abstoßung von Ionen. Die pH-Wert-Toleranzbereiche sind ebenfalls für jedes Protein spezifisch. Molkenprotein toleriert eine größere pH-Wert-Schwankung und liegt bei einem pH-Wert von 3 bis 7 stabil vor. Casein toleriert nur einen geringe Schwankung des pH-Werts zwischen 4,6 und 4,8 (Sienkiewicz, 1981). Damit lässt sich das Casein durch Ansäuerung des umgebenden Milieus sehr leicht aus Lösungen ausfällen. Das Molkenprotein wird besser durch Erhitzung der Lösung ausgefällt. Der menschliche Körper stellt ständig neue Proteine in der Proteinbiosynthese her (Lamprecht, 2017). 12 der 20 Aminosäuren kann der menschliche Körper selbst herstellen (Müller, Frings, & Möhrlen, 2019). Die acht weiteren, auch „essenziell" genannten Aminosäuren (Valin, Isoleucin, Leucin, Threonin, Methionin, Phenylalanin, Tryptophan und Lysin) müssen über die Nahrung zugeführt werden. Die für die Synthese neuer Proteine benötigten Aminosäuren werden jedoch nicht ausschließlich neu hergestellt, sondern teilweise recycelt (Lamprecht, 2017). Dazu werden an Orten, an denen die Proteine nicht mehr benötigt werden, Proteine abgebaut. Dem Körper steht dabei ständig ein durchschnittlicher Umsatz von 600 g bis 700 g zur Verfügung. Dabei werden unter körperlicher Belastung vorrangig Transportproteine des Blutplasmas, sowie Strukturproteine der Eingeweide und der Muskulatur abgebaut.

Um den Körper mit genügend Aminosäuren zu versorgen, wird empfohlen, täglich etwa 0,8 g Proteine pro Kilogramm Körpergewicht über die Nahrung aufzunehmen (Lamprecht, 2017). Menschen, die wenig (Hobby-Sportler) oder keinen Sport treiben, können diese Proteinmenge problemlos über eine ausgewogene Ernährung zuführen (Tabelle 1). Besonders Milchprodukte, Sojaprodukte und pflanzliche Eiweißquellen eignen sich für eine proteinreiche Ernährung. Leistungssportlerinnen und -sportler können aufgrund des hohen Umsatzes an Proteinen während des Sports und nach dem Sport die Aufnahme auf 1,5 g pro Kilogramm Körpergewicht erhöhen (Geiss & Hamm, 2001). Als Leistungssport werden hierzu Ultralanglauf, Etappenrennen, Gewichtsklassensport, schwerer Kraftsport sowie Sportarten gezählt, bei denen auf eine konstant zu haltende geringe Energieaufnahme zu achten ist (zum Beispiel Skisprung und Ballett). Jedoch ist auch hier zu beachten, dass viele Leistungssportlerinnen und -sportler bei einer ausgewogenen Ernährung nicht zwangsweise auf Nahrungsergänzungsmittel zurückgreifen müssen.

Neben der Menge der proteinreichen Nahrung entscheidet auch der Zeitpunkt der Nahrungsaufnahme vor beziehungsweise nach dem Sport über die Effektivität. Drei bis vier Stunden vor einem Wettkampf werden leichte eiweißreiche Mahlzeiten empfohlen, wie zum Beispiel mageres Fleisch, fettarme Milchprodukte und Sojaprodukte. Direkt vor dem Sport sollte nur noch wenig Nahrung aufgenommen werden, um den Magen-Darm-Trakt nicht zu strapazieren. Hier werden Proteinriegel oder Shakes empfohlen. Solche Produkte sollen auch direkt nach dem Sport verzehrt werden, um einem Muskelabbau aufgrund von Proteinumlagerungen entgegenzuwirken.

Nahrungsmittel	Proteingehalt pro 100 g des Nahrungsmittels
Rindfleisch[2]	18,6 g
Hühnerfleisch[2]	18,5 g
Kochschinken [1]	20,0 g
Kabeljaufilet (Fisch)[1]	17,3 g
Magerquark[1]	13,0 g
Emmentaler (Käse)[1]	26,6 g
Vollei[2]	12,5 g
Vollmilch[2]	3,5 g
Kartoffeln (gekocht, ohne Schale)[1]	2,0 g
Vollkornbrot[1]	6,7 g
Soja[2]	38,2 g
Erbsen[2]	22,9 g
Weizen (Korn)[2]	11,4 g
Linsen[2]	23,4 g

Tabelle 1 Proteingehalt pro 100g des angegebenen Lebensmittels (1 Thielking, 2020; 2 Souci, Fachmann & Kraut, 2008).

Auch die Art der Proteine und die Kombination der Proteine mit Kohlenhydraten sollten bei der Ernährung beachtet werden (Lamprecht, 2017). Verschiedene Proteine werden unterschiedlich schnell aus dem Darm in den Körper aufgenommen und besitzen damit eine individuelle Resorptionszeit. Casein beispielsweise kann schnell resorbiert werden, dient dem Körper jedoch nur kurzfristig als Proteinreserve. Molkenprotein benötigt deutlich mehr Zeit zur Resorption. Es ist aufgrund seines hohen Leucingehalts besonders zum Muskelaufbau geeignet (Josse et al., 2010). Werden Proteine in Kombination mit Kohlenhydraten verzehrt, steigt ihre Effizienz (Lamprecht, 2017). Dabei muss der Kohlenhydratanteil jedoch den Proteinanteil der Nahrung überschreiten. Aus diesem Grund wird Proteinshakes häufig Saccharose zugesetzt. Die hohen Mengen an Zucker üben sich jedoch bei mangelndem Verbrauch negativ auf den Körper aus.

1.4 Methodisch-didaktische Überlegungen

Bildungsplanbezug am Beispiel Baden-Württembergs

Die Zusammensetzung der Nahrung auf molekularer Basis aus den Grundbausteinen „Fette, Proteine und Kohlenhydrate" ist im Bildungsplan 2016 spiralcurricular vorgesehen (Ministerium für Kultus, Jugend und Sport Baden-Württemberg, 2022a). Beginnend in der 7. oder. 8. Klasse des Biologieunterrichts lernen die Schülerinnen und Schüler die Proteine im Rahmen des Kapitels „Ernährung und Verdauung" (ebd., 3.2.2.1) kennen. Dabei erfahren sie, dass Proteine aus Aminosäuren bestehen und welche Funktion sie für den Körper haben. In der Kursstufe wird auf dieser molekularen Ebene weiteres Wissen auf Basis der Enzymkinetik gewonnen und das Wissen der Mittelstufe vertieft (ebd., 3.4.2 und 3.5.2). Zusätzlich wird in der Kursstufe durch das Fach Chemie genauer auf den Aufbau der Proteine eingegangen (Ministerium für Kultus, Jugend und Sport Baden-Württemberg, 2022b, 3.3.3). Nachweise werden kennengelernt und erneut auf die Struktur sowie die Funktion der Proteine eingegangen.

Im Fach Sport begleitet die Schülerinnen und Schüler das Thema Fitness durch die Schullaufbahn (Ministerium für Kultus, Jugend und Sport Baden-Württemberg, 2016). Als übergeordneter Punkt der gesunden Ernährung spiegeln sich die Proteine im Fach Sport wider. Explizit wird die Ernährung in der Kursstufe erwähnt (ebd., 3.5.7). Hierbei wird besonders der Zusammenhang zwischen Ernährung und Fitness genauer betrachtet. Da diese Station für eine 9. oder 10. Klasse vorgesehen ist, würde der Zusammenhang der Proteinzusammensetzung eines Eiweiß-Shakes mit der Aufnahme der Proteine in den Körper und deren Funktion im Körper als Vorgriff der Kursstufe dienen. Auch die Hintergründe der Ausfällung der Proteine durch eine pH-Wert-Änderung und die Hitze-Denaturierung werden im Laufe des Schullebens mit den Schülerinnen und Schülern noch einmal wiederholt. Aufgrund der komplexen Thematik wird diese didaktisch reduziert und dem Lernstand der Schülerinnen und Schüler angepasst.

Säuren und Basen lernen die Schülerinnen und Schüler während der Mittelstufe im Chemieunterricht genauer kennen (Ministerium für Kultus, Jugend und Sport Baden-Württemberg, 2022b). Im Bildungsplan ist dies Bestandteil des Bereichs „3.2.1.1 Stoffe und ihre Eigenschaften". Da bereits ein geringes Wissen über Säuren und Basen sowie deren Zuordnung zum pH-Wert genügt, kann diese Lernstation auch von Schülerinnen und Schülern der 9. Klasse durchgeführt werden, die sich zuvor noch nicht mit der molekularen Ursache der sauren und basischen Eigenschaft beschäftigt haben. Oft wird bereits im ersten Lernjahr das Vorhandensein saurer und basischer Lösungen besprochen. Auch die pH-Skala ist den Schülerinnen und Schülern zu diesem Zeitpunkt bereits nahegelegt worden. Weiterführend wird in der Mittelstufe die Säure-Base-Reaktion sowohl qualitativ als auch quantitativ behandelt. Hierbei wird neben dem Donator-Akzeptor-Prinzip der Protonenübertragung auch die Neutralisation untersucht. Diese Themen führen über den Umfang der Lernstation hinaus. Die Lernstation kann jedoch auch von Schülerinnen und Schülern bearbeitet werden, die bereits das dritte Lernjahr absolvieren, da die Lernstation ergänzend zum Bildungsplan angelegt ist. Sie nimmt damit weder Wissen vorweg noch wiederholt sie ausschließlich bereits Gelerntes.

Relevanz und Lebensweltbezug

Die persönliche Fitness spielt im Leben der Jugendlichen eine immer größere Rolle. Viele Jugendliche definieren sich über ihr Aussehen und betreiben deshalb sehr viel Sport. Zusätzlich werden über viele mediale Kanäle Nahrungsergänzungsprodukte angeboten, die Sportlerinnen und Sportler bei ihrem Training unterstützen sollen. Für die Schülerinnen und Schüler wird in diesen Werbungen jedoch nicht klar, auf welche Weise die Produkte wirken und ob es tatsächlich sinnvoll ist, diese zu konsumieren. Diese Wissenslücke adressiert die Lernstation, sie soll die Schülerinnen und Schüler zu kritischem Denken motivieren. Sie soll den Schülerinnen und Schülern bewusst machen, dass der Verzehr einer sehr hohen Menge an Proteinen zwar förderlich ist bei Leistungssportlerinnen und -sportlern, jedoch gefährlich sein kann für Menschen, die vergleichsweise wenig Sport treiben. Stattdessen lernen die Schülerinnen und Schüler Alternativen kennen.

Methodisch-didaktische Umsetzung

Die Lernstation beginnt mit einer kurzen Einleitung. Diese wirkt motivierend und bildet vor dem Hintergrund der Alltagsmedien einen Anreiz, die Lernstation näher zu betrachten. Durch die Formulierung in rhetorischen Fragen werden die Schülerinnen und Schüler animiert, selbst weiter auf dem Gebiet der Proteinshakes zu forschen.

Zunächst untersuchen die Schülerinnen und Schüler Proteinshakes auf ihre Zusammensetzung. Hierbei wird die Problemstellung aufgeworfen, dass es zwar selbstverständlich zu sein scheint, dass Proteinshakes aus Proteinen bestehen, aber dass gleichzeitig noch nicht klar ist, welche Proteine das sind. Diese Einleitung zur ersten Aufgabe wirft für die Schülerinnen und Schüler unbewusst bereits die Frage nach der unterschiedlichen Zusammensetzung der Proteinshakes auf, was im Abschluss näher betrachtet werden soll.

Die Lernenden führen anschließend ein Experiment durch. In diesem Experiment werden drei unterschiedliche Shakes auf ihre Zusammensetzung hin untersucht. Die Eigenschaft der Proteine, die hierbei genutzt wird, ist ihre pH-Wert-Toleranz. Die drei hypothetischen Shakes enthalten nur Casein, nur Molkenprotein, oder ein Gemisch aus beiden. Die Schülerinnen und Schüler fällen nach Auflösen der Shakes in Wasser mithilfe von Essigsäure das Casein aus den Shakes aus. Da die Proteine erst nach einigen Minuten koagulieren und dadurch ein Niederschlag sichtbar wird, widmen sich die Lernenden der Vorhersage der Ergebnisse des Experiments. Sie lesen dazu zunächst einen Informationstext, der sie über die Bestandteile der Proteine und deren Denaturierung informiert. Als Ursache für eine Denaturierung werden ihnen hier eine zu hohe Temperatur und ein ungeeigneter pH-Wert genannt. Anschließend sollen die Schülerinnen und Schüler selbst herausfinden, welches Protein sie im Experiment ausfällen können. Dazu erhalten sie die pH-Wert-Toleranzbereiche und die Temperatur-Maxima des Caseins und des Molkenproteins. Die Bedingungen des Experiments werden ihnen ebenfalls angegeben, da nicht davon ausgegangen werden kann, dass die Schülerinnen und Schüler den pH-Wert der Essigessenz bei Zugabe ins Wasser abschätzen können, beziehungsweise da dieser genau berechnet werden müsste. Angegeben wird hierfür nur, dass der ph-Wert der Essigessenz unter 4,5 liegt. Die Vorhersage des Experiments hat in dieser Lernstation zwei Funktionen. Auf der einen Seite soll es den Schülerinnen und Schülern die naturwissenschaftliche Arbeitsweise näherbringen und aufzeigen, dass nur ein Parameter (der pH-Wert) verändert wurde, während der andere (die Temperatur) konstant bleibt. Auf der anderen Seite wird die Wartezeit bis zur Ausfällung des Caseins überbrückt. Die Schülerinnen und Schüler gehen nach der Vorhersage der Ergebnisse zurück zu ihrem Experiment.

Nach einer Reaktionszeit von etwa 5–10 Minuten können die Schülerinnen und Schüler voraussichtlich einen Niederschlag mit dem bloßen Auge erkennen. Falls dieser nicht sichtbar sein sollte, filtrieren sie die Suspension durch ein Stofftuch, in dem sich der Niederschlag sammelt. Nach dem Notieren der Beobachtung finden die Schülerinnen und Schüler im Rückblick auf ihre Vorhersage selbstständig eine Erklärung.

Die Durchführung eines Folgeexperiments würde den zeitlichen Rahmen dieser Lernstation überschreiten. Da die Denaturierung durch Hitze mehrfach in der Schule durchgeführt wird, soll daher im Folgenden von den Schülerinnen und Schülern nur die Erklärung eines hypothetischen Folgeversuchsergebnisses gefunden werden. Dazu wird ein hypothetisches Folgeexperiment zunächst in einer Einleitung kurz beschrieben. Dann werden die Beobachtungen dieses Experiments, nach einer Behandlung der drei Shakes mit einem 100 °C heißen Wasserbad, grafisch dargestellt. Die Schülerinnen und Schüler greifen nun auf ihr Wissen aus der Vorhersage des ersten Experiments zurück und sollen die Temperaturerhöhung als wichtigen Parameter erkennen. Abschließend schlussfolgern die Schülerinnen und Schüler, welche Shakes welche Proteine enthielten.

Da diese Lernstation neben dem chemischen Hintergrund auch die sportliche Thematik bedient, erarbeiten die Schülerinnen und Schüler abschließend die Wirkungsweise der Proteine im Körper. Hierzu lesen sie erneut einen Informationstext, der ihnen Auskunft gibt über die benötigte Proteinmenge sowie die unterschiedliche Aufnahme unterschiedlicher Proteine in den Körper. Auf Grundlage des Informationstexts ordnen die Schülerinnen und Schüler den drei zur Verfügung gestellten Proteinshakes eine Wirkdauer zu. Dies soll die Lernstation abrunden, da die Überlegungen vom Anfang noch einmal aufgegriffen werden. Die Schülerinnen und Schüler können nun die Spezifität eines Proteinshakes mit dessen Zusammensetzung in einen Zusammenhang bringen. Abschließend sollen die Schülerinnen und Schüler drei natürliche Alternativen für Proteinshakes nennen. Hier wird besonders darauf hingewiesen, dass es für die Schülerinnen und Schüler Alternativen sein sollen, die für sie ein besonderes Geschmacks-Proteingehalt-Verhältnis besitzen. Diese Aufgabe trägt weniger zur kognitiven Herausforderung der Schülerinnen und Schüler bei, da sie sich nur aus einer Tabelle drei Nahrungsmittel aussuchen müssen. Vielmehr wird hier Wert daraufgelegt, dass die Schülerinnen und Schüler ihre eigene Ernährung überdenken und gegebenenfalls tatsächlich Nahrungsmittel aussuchen, die sie in Zukunft vermehrt essen. Die Lernstation trägt damit zur Gesundheitsbildung der Schülerinnen und Schüler bei.

Besonders engagierten Schülerinnen und Schülern bietet die Lernstation zusätzlich die Möglichkeit, eine Bewertung des Verzehrs von Proteinshakes zu treffen. Hierzu wird zusätzlich die Information mitgeteilt, dass in Proteinshakes viel Zucker enthalten sein kann, dieser jedoch auch eine wichtige Funktion bei der Aufnahme von Proteinen in den Körper besitzt. Mithilfe dieser Information machen sich die Schülerinnen und Schüler Gedanken über die Vor- und Nachteile der Proteinshakes. Sie sollen Stellung beziehen, ob sie Proteinshakes Hobby-Sportlerinnen und -Sportlern empfehlen würden und erkennen hierbei, dass nur so viele Proteine vom Körper aufgenommen werden sollten, wie dieser tatsächlich umsetzen kann.

Antizipierte Ergebnisse der Schülerinnen und Schüler

Die Schülerinnen und Schüler führen das Experiment wie vorgeschrieben durch. Sie erkennen während der Reaktionszeit, dass nur die Variable des pH-Werts im Experiment verändert wird und dass die geringe pH-Wert-Toleranz des Caseins dazu führt, dass es durch die Essigsäure ausgefällt wird. Anschließend können sie eben diese Fällung nach der Reaktionszeit beobachten. In den Reagenzgläsern, die das Casein enthalten, bildet sich ein Niederschlag, der auch im Stofftuch herausgefiltert werden kann. Die Schülerinnen und Schüler erkennen anschließend, dass dieser Niederschlag das Casein ist und in zwei der drei Proteinshakes Casein enthalten war. Anschließend finden sie mit dem hypothetischen Experiment heraus, dass im dritten Reagenzglas sowie in einem der beiden anderen ebenfalls Molkenprotein enthalten war. Dies können sie über die Erhöhung der Temperatur über die Maximaltemperatur des Molkenproteins schlussfolgern. Abschließend sammeln die Schülerinnen und Schüler ihre Ergebnisse und können die Aussage treffen, dass in einem Reagenzglas nur Casein, in einem nur Molkenprotein und im letzten eine Mischung aus beiden vorlag. Die Schülerinnen und Schüler können diesen Proteinen ihre Wirkungsdauer zuordnen und erkennen, dass Casein eher schnell und kurzfristig, Molkenprotein dafür langsam, aber langfristig vom Körper genutzt werden kann. Jede Schülerin und jeder Schüler notiert drei individuelle alternative proteinreiche Nahrungsmittel als Alternative zum Verzehr eines Proteinshakes (zum Beispiel Rindfleisch, Emmentaler, Linsen).

Mögliche Herausforderungen und entsprechende Förder-/Forderangebote

Die Lernstation ist in zwei größere Bestandteile aufgeteilt. Einerseits führen die Schülerinnen und Schüler ein Experiment mit Haushaltschemikalien durch, andererseits bearbeiten sie Aufgaben zum Experiment und zum Einsatz von Proteinshakes im Sport.

Das Experiment birgt grundsätzlich keine größeren Gefahren. Zwar müssen die Schülerinnen und Schüler vorsichtig arbeiten und eine Schutzbrille tragen, jedoch werden sie in der Experimentieranleitung darauf hingewiesen. Sollten trotzdem Schwierigkeiten beim Experimentieren auftreten, können die Schülerinnen und Schüler jederzeit die Betreuenden des Schülerlabors ansprechen. Sollte trotz des Tragens einer Schutzbrille Essigessenz in die Augen gelangen, sollten diese gründlich mit Wasser ausgespült werden. Hierbei sollten die Betreuenden den Schülerinnen und Schülern helfen, da dies für die Schülerinnen und Schüler unangenehm sein könnte. Schülerinnen und Schüler mit einer Brille sollten trotz eines geringen Schutzes durch ihre Brille zusätzlich eine Überschutzbrille tragen.
Zusätzlich ist es möglich, dass kein Niederschlag durch die Zugabe von Essigessenz sichtbar wird. Deshalb sollen die Schülerinnen und Schüler die Suspension zusätzlich filtrieren. Der Niederschlag, der im Stofftuch zurückbleibt, kann nun einfacher erkannt werden. Doch es ist möglich, dass auch nach der Filtration kein Niederschlag erkennbar ist. Auch das Vorkommen von Niederschlag in allen drei Reagenzgläsern aufgrund unsauberen Arbeitens ist möglich, jedoch unwahrscheinlich. Da zu allen Beobachtungs- und Erklärungsaufträgen sowohl Hilfs- als auch Lösungskarten angeboten werden, können die Schülerinnen und Schüler trotz falscher Ergebnisse im Experiment an der Lernstation weiterarbeiten. Dies gilt auch für den Fall, dass die Schülerinnen und Schüler während des Arbeitens die Reagenzgläser vertauschen.

Bei der Bearbeitung der theoretischen Aufgaben könnten die Schülerinnen und Schüler besonders in der chemischen Betrachtung des Experiments Probleme haben. Als Abhilfe wird den Schülerinnen und Schülern mithilfe des ersten Informationstexts die Grundlage bereits gegeben. Sie erfahren in diesen Informationen die möglichen Ursachen der Denaturierung und müssen anschließend lediglich die experimentellen Bedingungen mit den Toleranzbereichen der Proteine vergleichen. Falls dies den Schülerinnen und Schülern nach dem Informationstext weiterhin schwerfallen sollte, erhalten sie durch eine Hilfskarte einen Anreiz, ihren Fokus auf den pH-Wert zu legen. Anschließend können die Schülerinnen und Schüler ihre Ergebnisse mit einer Lösungskarte vergleichen. Dies ermöglicht die weitere Bearbeitung der Station auch falls die Aufgabe nicht selbstständig gelöst werden konnte.

Zum Finden der Erklärung fehlt vielen Schülerinnen und Schülern, trotz früherer Übung besonders in den ersten Lernjahren der Chemie, erfahrungsgemäß das Hintergrundwissen. Daher wird den Schülerinnen und Schülern bereits die Erklärung vorgegeben und sie müssen nur die zutreffenden Reagenzgläser zuordnen. Auch hierfür stehen ihnen zusätzlich Hilfs- und Lösungskarten zur Verfügung.
Das hypothetische Experiment ist für viele Schülerinnen und Schüler eventuell nicht vorstellbar. Aus diesem Grund wird die Versuchsbeobachtung nicht nur schriftlich, sondern auch grafisch zur Verfügung gestellt. Dies erleichtert es den Schülerinnen und Schülern, sich das Experiment vorzustellen, und dient als Stütze für die Erklärung. Die Erklärung wurde im Format an eine vorherige Aufgabe angelehnt, um den Schülerinnen und Schülern die Beantwortung zu erleichtern und Parallelen aufzuzeigen.

Die vollständige Untersuchung der Proteinshakes ist kleinschrittig aufgebaut. Zu fast allen Aufgaben werden sowohl Hilfe- als auch Lösungskarten zur Verfügung gestellt. Diese sollen es den Schülerinnen und Schülern ermöglichen, einen hohen Erkenntnisgewinn aus der Lernstation zu ziehen. Auch Schülerinnen und Schüler, die Schwierigkeiten bei der Bearbeitung der Aufgaben haben, können so immer wieder versuchen, eigene Erkenntnisse zu generieren.
Schülerinnen und Schüler mit einem ausgeprägten chemischen Verständnis könnten die Lernstation sehr schnell bearbeiten und unterfordert sein. Aus diesem Grund wird ihnen die Möglichkeit gegeben, eine Zusatzaufgabe zu bearbeiten. Die Zusatzaufgabe beinhaltet weitere Informationen zur Zusammensetzung von Proteinshakes und regt die Schülerinnen und Schüler zum kritischen Hinterfragen des Konsumierens von Shakes an. Operatoren des Anforderungsbereichs III fordern die Schülerinnen und Schüler neben der chemischen Thematik auch im Bereich gesundheitlicher Aspekte.

Benötigte Vorkenntnisse und Vertiefungs-/Weiterführungsmöglichkeiten

Zur Bearbeitung dieser Lernstation sollten die Schülerinnen und Schüler bereits die Zusammensetzung der Nahrung aus den molekularen Bestandteilen Kohlenhydrate, Fette und Proteine kennengelernt haben. Dieses Wissen ist notwendig, da ansonsten das Verständnis der Nahrungsergänzung erschwert wird. Die Schülerinnen und Schüler sollten hierzu bereits wissen, dass dem Körper Proteine in einem gewissen Maß durch die Nahrung zugeführt werden müssen. Nur so können sie im Laufe der Lernstation nachvollziehen, warum die Nahrungsergänzung, beispielsweise durch Proteinshakes, nur bei Leistungssportlerinnen und -sportlern sinnvoll ist. Zwar wird in der Lernstation noch einmal kurz auf die Zusammensetzung der Nahrung und die tägliche Proteinzufuhr bei einer gesunden Ernährungsweise eingegangen, dies dient jedoch eher dem Aktivieren von Vorwissen statt dem Erarbeiten neuer Wissensinhalte. Des Weiteren wäre es von Vorteil, wenn die Schülerinnen und Schüler bereits wüssten, dass die Proteine aus Aminosäuren aufgebaut sind. Dieses Wissen ist zur Bearbeitung der Station zwar nicht essenziell, kann aber dazu beitragen, die Bedeutung der Bestandteile der Nahrungsergänzungsmittel zu verstehen. Eine kurze Einführung innerhalb der Lernstation soll es auch den Schülerinnen und Schülern ohne dieses detaillierte Vorwissen ermöglichen, zu erkennen, dass es wichtig ist, essenzielle Aminosäuren aufzunehmen, und darauf aufbauend die Zusammensetzung der Nahrungsergänzungsmittel zu hinterfragen. Besonders das Verständnis der Bedeutung der Proteine für den Körper und im Besonderen für die Muskulatur sollten die Schülerinnen und Schüler bereits besitzen. Zwar wird auch dieses Wissen in der Lernstation noch einmal aufgefrischt, es kann jedoch das Verständnis der Station erleichtern, wenn die Schülerinnen und Schüler bereits wissen, dass die Muskulatur, sowie alle anderen Kompartimente des menschlichen Körpers, zum Großteil aus Proteinen aufgebaut sind. Dieses Wissen hilft den Schülerinnen und Schülern zu verstehen, dass es wichtig ist, bestimmte Mengen an Proteinen vor, direkt nach und Stunden nach dem Sport zu sich zu nehmen. Sie könnten sonst Schwierigkeiten haben, zu erkennen, dass die Proteine mancher Muskelgruppen abgebaut werden könnten, um andere Muskelgruppen zu unterstützen.

Neben den Proteinen sollten die Schülerinnen und Schüler bereits mit den ersten Ansätzen der Säure-Base-Chemie vertraut sein. Dies ermöglicht ihnen das Verständnis der Fällungsreaktion von Casein durch die Essigessenz.

1.5 Verlaufsplan

Min.	Phase und Ziel	Lehr-Lern-Arrangement	Arbeitsweise (Methoden, Sozialform)	Arbeitstechnik (Material, Medien)
3	Einleitung	Einführung in die Thematik Aufgabe 1a: Erstes Durchlesen des Experiments	Einzelarbeit	• Stationsblatt • Experimentier-anleitung
13	Erarbeitung	Aufgabe 1b: Durchführen des Experiments bis zum roten Strich Aufgaben 1c und 2: • Lesen der Infobox 1 • Untersuchen der unterschiedlichen Toleranzbereiche von Casein und Molkenprotein	Partnerarbeit	• Experimentier-material • Experimentier-anleitung • Stationsblatt • Arbeitsblatt • Hilfskarten
15	Sicherung	Notieren der Vorhersage des Experiments. Vergleichen mit den Lösungskarten.	Partnerarbeit	• Stationsblatt • Arbeitsblatt • Hilfskarten • Lösungskarten
22	Erarbeitung & Sicherung	Fortführung des Experiments • Sammeln der Beobachtung • Ableiten des Ergebnisses • Erklären eines Gedanken-experiments • Schlussfolgern der Zusammensetzung des Proteins-hakes • Vergleichen mit den Lösungs-karten	Partnerarbeit	• Experimentier-material • Experimentier-anleitung • Stationsblatt • Arbeitsblatt • Hilfskarten • Lösungskarten
25	Aufräumen		Partnerarbeit	• Abfallbehälter
30	Erarbeitung & Sicherung	Untersuchen der Wirkung von Proteinshakes • Lesen der Infobox 2 • Zuordnen der Wirkung der Proteinshakes • Finden von Alternativen Vergleichen mit den Lösungs-karten	Partnerarbeit	• Stationsblatt • Arbeitsblatt • Hilfskarten • Lösungskarten
35	Zusatz	Hinterfragen der Verwendung von Proteinshakes. Bewerten, Stellungnehmen.	Partnerarbeit	• Stationsblatt • Arbeitsblatt • Hilfskarten • Lösungskarten

Literaturverzeichnis

Friedrich, M. S. (2019).
Methodenentwicklung für die Trennung verschiedener Proteinhydrolysate in Peptidfraktionen per Crossflow Diafiltration & sensorische Bewertung der Fraktionen.
Universität Kassel: Fachbereich für ökologische Agrarwissenschaften.

Geiss, K. R. & Hamm, M. (2001).
Handbuch Sportler-Ernährung. 5. Auflage. Reinbek bei Hamburg: Rororo Sport.

Josse, A. R., Tang, J. E., Tarnopolsky, M. A & Phillips, S. M. (2010).
Body composition and strength changes in women with milk and resistance exercise.
Med Sci Sports Exerc 42 (6): 1122–1130.

Lamprecht, M. (2017).
Proteine und Sport. In: M. Wonisch, P. Hofmann, H. Förster, H. Hörtnagl, E. Ledl-Kurkowski & R. Pokan [Hrsg.] (2017). Kompendium der Sportmedizin. Physiologie, Innere Medizin und Pädiatrie. 2. Auflage. Wien Springer.

Ministerium für Kultus, Jugend und Sport Baden-Württemberg. (2022a).
Bildungsplan des Gymnasiums. Biologie. Überarbeitete Fassung vom 8. März 2022.
Abgerufen am 4. August 2022 von http://www.bildungsplaene-bw.de/,Lde/LS/BP2016BW/ALLG/GYM/BIO.V2.

Ministerium für Kultus, Jugend und Sport Baden-Württemberg (2022b).
Bildungsplan des Gymnasiums. Chemie. Überarbeitete Fassung vom 8. März 2022.
Abgerufen am 4. August 2022 von http://www.bildungsplaene-bw.de/,Lde/LS/BP2016BW/ALLG/GYM/CH.V2.

Ministerium für Kultus, Jugend und Sport Baden-Württemberg (2016).
Bildungsplan des Gymnasiums. Sport. Abgerufen am 19. September 2020 von http://www.bildungsplaene-bw.de/,Lde/LS/BP2016BW/ALLG/GYM/SPO.

Müller, W., Frings, S., & Möhrlen, F. (2019).
Tier- und Humanphysiologie – Eine Einführung. Berlin: Springer-Verlag GmbH Deutschland.

Sadava, D., Hillis, D., Heller, H. & Hacker, S. (2017).
Purves Biologie. 11. Auflage. J. Markl [Hrsg]. Berlin: Springer Spektrum.

Sienkiewicz, T (1981).
Nomenklatur und einige Eigenschaften der Molkenproteine. Die Nahrung 25(4): 329–334.

Souci, S. W., Fachmann, W. & Kraut, H. (2008)
Die Zusammensetzung der Lebensmittel – Nährwerttabellen. Wissenschaftliche Verlagsgesellschaft

Thielking, H. Bundeszentrum für Ernährung (2020).
Proteintrend bei Lebensmitteln. Online verfügbar unter
https://www.bzfe.de/inhalt/proteintrend-bei-lebensmitteln-32492.html (abgerufen am 3. Oktober 2020)

Stationsblatt: Wundermittel Proteinshake?!?

Die Werbung ist voll mit solchen Slogans:
„Schneller Muskelaufbau durch den Proteinshake von X".
Doch was ist an solchen Aussagen dran? Sind Proteinshakes ein Wundermittel für den Muskelaufbau? Oder sind sie gar gefährlich?

Aufgabe 1: Dem Proteinshake auf der Spur

Woraus ein Proteinshake besteht, scheint uns auf den ersten Anhieb klar zu sein: natürlich aus Proteinen. Doch welche Proteine die Proteinshakes genau enthalten, werdet ihr im folgenden Experiment untersuchen.

a Lest euch die Sicherheitshinweise und die Experimentieranleitung einmal vollständig durch. Es ist wichtig, dass ihr die Sicherheitshinweise wirklich lest.

b Führt das Experiment bis zum roten Strich in der Anleitung durch.

Geht nun zu Aufgabe 2 über.

Aufgabe 2: Protein ist nicht gleich Protein

Nahrungsmittel bestehen neben Wasser, Mineralstoffen und Vitaminen aus Kohlenhydraten, Fetten und Proteinen. Besonders die Vielfalt der Proteine ist enorm.

a Lest euch Infobox 1 durch.

b Proteinshakes enthalten oft die Proteine Casein und Molkenprotein als Hauptbestandteile. Diese Proteine haben unterschiedliche Eigenschaften. Trefft eine begründete Vorhersage, welches dieser beiden Proteine ihr mithilfe des Experiments aus den Shakes herausfiltern könnt. Verwendet dazu die Werte aus der folgenden Tabelle.

	Casein	Molkenprotein	Experiment
pH-Wert-Toleranz	4,6–4,8	3–7	3–5
Temperatur- Maximum	120 °C	60 °C–70 °C	20 °C–25 °C

Notiert euch eure Vorhersage auf eurem Arbeitsblatt. Falls ihr Hilfe benötigt, nehmt euch Hilfskarte 1. Vergleicht eure Vorhersage mit Lösungskarte 1.

Cornelsen
Erarbeitet von: Vivian Haspel;
MINT interdisziplinär unterrichten: Lernstationen für Biologie, Chemie und Sport, 2024
Bildquelle: Shutterstock.com/JeniFoto

Stationsblatt: Wundermittel Proteinshake?!?

Aufgabe 3: Welche Proteine sind in welchem Shake enthalten?

Widmet euch wieder eurem Experiment.

a Schwenkt die Reagenzgläser leicht und haltet sie etwas gegen das Licht. Betrachtet den Inhalt der Reagenzgläser genau. Notiert eure Beobachtung auf dem Arbeitsblatt. Falls ihr eine Hilfestellung braucht, seht euch Hilfskarte 2 an. Vergleicht eure Beobachtung anschließend mit Lösungskarte 2.

b Notiert euch Erklärungsansätze, die ihr aus euren jetzigen Beobachtungen schließen könnt, auf dem Arbeitsblatt. Ihr könnt euch mit Hilfskarte 3 einen Tipp holen. Vergleicht eure Erklärung mit Lösungskarte 3.

c Ein anderes Experiment hätte mit den gleichen Ansätzen durchgeführt werden können, indem die Lösungen der Shakes anstatt der Zugabe von Essigessenz auf 100 °C erhitzt worden wären. Das folgende Ergebnis wäre zu beobachten gewesen (grau = trüb):

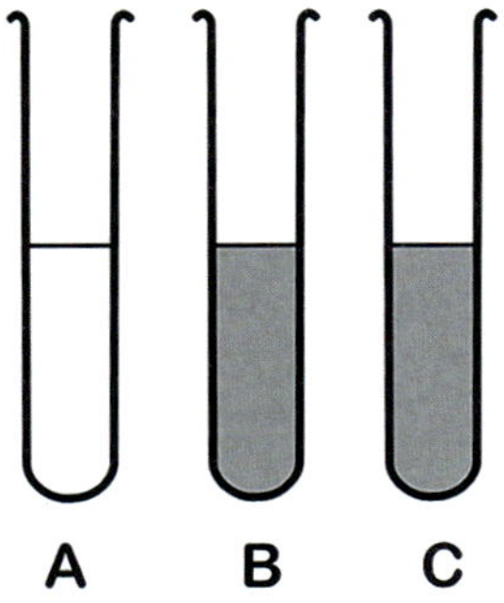

Erklärt diese Beobachtung mithilfe der Tabelle aus Aufgabe 2. Füllt dazu die Tabelle auf eurem Arbeitsblatt aus. Falls ihr Hilfe benötigt, nehmt euch Hilfskarte 4 zur Hand. Vergleicht eure Lösung mit Lösungskarte 4.

d Schlussfolgert, welche Zusammensetzung die Proteinshakes in den verschiedenen Reagenzgläsern hatten. Füllt dazu die Tabelle auf eurem Arbeitsblatt aus. Nehmt euch Hilfskarte 5 zur Hand, falls ihr Unterstützung braucht. Vergleicht euer Ergebnis mit Lösungskarte 5.

Aufgabe 4: Wozu unterschiedliche Proteinshakes?

a Lest euch Infobox 2 durch.

b Haltet auf eurem Arbeitsblatt die Wirkung der drei Proteinshakes nach der Aufnahme fest. Falls ihr Hilfe benötigt, nehmt euch Hilfskarte 6. Vergleicht eure Ergebnisse mit Lösungskarte 6.

c Eine zu hohe Proteinaufnahme ist für den menschlichen Körper schädlich. Durch den Verzehr natürlicher Lebensmittel geht man diesem Problem weitestgehend aus dem Weg. Deshalb sollte auf eine ausgewogene Ernährung geachtet werden, statt Proteinshakes aufzunehmen.
Nennt drei mögliche Alternativen, die ebenfalls eine hohe Proteinzufuhr gewährleisten. Schaut euch dazu Infobox 3 an. Ihr könnt euch hierbei die Alternativen aussuchen, bei denen euch das Geschmacks-Proteinmengen-Verhältnis am besten zusagt.

Cornelsen
Erarbeitet von: Vivian Haspel;
MINT interdisziplinär unterrichten: Lernstationen für Biologie, Chemie und Sport, 2024
Illustration: Stella Wolski

Stationsblatt: Wundermittel Proteinshake?!?

Für Schnelle: Proteinshakes, ja oder Proteinshakes, nein?

Neben Proteinen enthalten Proteinshakes einen hohen Anteil an Kohlenhydraten (meist Zucker). Kohlenhydrate helfen in Kombination mit den Proteinen, ein Optimum der Energie- und Proteinverwertung zu erreichen. Doch auch mit einer ausgewogenen Ernährung werden genügend Proteine aufgenommen, um den Tagesbedarf eines normalen Menschen zu decken.

a Bewertet den Verzehr von Proteinshakes aus allgemeingesundheitsfördernder Sicht. Notiert euch dazu sowohl Vor- als auch Nachteile des Konsums von Proteinshakes auf eurem Arbeitsblatt. Ihr könnt Hilfskarte 7 zur Unterstützung heranziehen. Vergleicht mit Lösungskarte 7, nachdem ihr eure Bewertung getroffen habt.

b Nehmt auf Basis eurer Bewertung Stellung zu der Frage, ob es für einen Hobbysportler oder eine Hobbysportlerin tatsächlich ratsam ist, täglich auf Proteinshakes zurückzugreifen. Nehmt euch gegebenenfalls Hilfskarte 8. Vergleicht eure Stellungnahme mit Lösungskarte 8.

Cornelsen

Erarbeitet von: Vivian Haspel;
MINT interdisziplinär unterrichten: Lernstationen für Biologie, Chemie und Sport, 2024

Infoboxen: Wundermittel Proteinshake?!?

Wundermittel Proteinshake?!? Infobox 1: Aufbau und Eigenschaften der Proteine

Fast der gesamte menschliche Körper ist auf einer Vielzahl von Proteinen mit ähnlichen Strukturen aufgebaut. Ihre Struktur besteht aus den so genannten Aminosäuren. Die 20 natürlich vorkommenden Aminosäuren verbinden sich in den Zellen unseres Körpers zu unterschiedlichen Kombinationen langer Ketten miteinander. Diese Ketten nehmen anschließend eine bestimmte, funktionsbestimmende Struktur ein.
Von der Verbindung der Aminosäuren ist neben der Funktionsübernahme auch der mögliche Aufenthaltsort des Proteins abhängig. In unterschiedlichen Bereichen des Körpers herrschen unterschiedlich hohe pH-Werte und Temperaturen. Nur Proteine, die an einen bestimmten pH-Wert- und Temperatur-Bereich angepasst sind, können in diesem Bereich des Körpers vorkommen, ohne zerstört (denaturiert) zu werden. Ebenso wie der pH-Wert ist die Temperatur, bei der die Struktur eines Proteins zerstört wird, individuell.

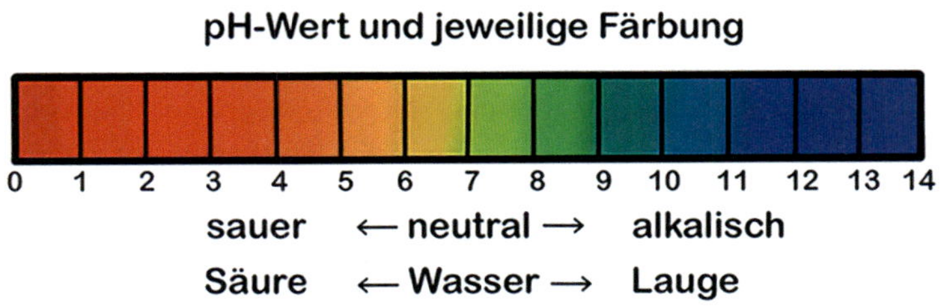

Wenn Proteine denaturieren, dann verändert sich zwar nicht ihre Aminosäuren-Zusammensetzung, jedoch die Struktur, die die Aminosäurekette einnimmt. Die Proteine sind dann nicht mehr funktionsfähig und fallen aus Lösungen aus. Ein Niederschlag bildet sich.
Essigessenz enthält Essigsäure, die den pH-Wert von Wasser senkt.

Cornelsen
Erarbeitet von: Vivian Haspel;
MINT interdisziplinär unterrichten: Lernstationen für Biologie, Chemie und Sport, 2024
Bildquellen: Stella Wolski (ph-Skala); Shutterstock.com/KITSANANAN (Eier);
Atelier G/Marina Goldberg (Flamme); stock.adobe.com/Robert Neumann (Spiegelei)

Infoboxen: Wundermittel Proteinshake?!?

Wundermittel Proteinshake?!? Infobox 2: Wie viele Proteine braucht der Körper?

Im Körper findet ein ständiger Auf- und Abbau der Proteine statt. Je nach Gebrauch werden neue Proteine gebildet und nicht gebrauchte, alte Proteine wieder in ihre einzelnen Aminosäuren zersetzt. Da nicht alle Aminosäuren vom menschlichen Körper selbst hergestellt werden können, müssen wir die sieben als „essenziell" bezeichneten Aminosäuren mit der Nahrung aufnehmen. Einem Menschen mit durchschnittlicher sportlicher Betätigung werden 0,8 g Proteinaufnahme pro kg Körpergewicht empfohlen. Einem Jugendlichen mit ungefähr 60 kg also etwa 48 g pro Tag.

Besonders beim Aufbau von Muskulatur ist es deshalb von Bedeutung, dass dem Körper genügend Proteine zur Verfügung stehen. Ansonsten findet der Muskelaufbau nur schleppend statt oder es werden gar Proteine der Muskulatur abgebaut, um an anderen Stellen wieder eingebaut zu werden. Leistungs- und Extremsportler können deshalb ihre Proteinzufuhr auf bis zu 1,5 g pro kg Körpergewicht erhöhen. Doch dabei ist Vorsicht geboten! Eine zu hohe Aufnahme an unverwerteten Proteinen ist schädlich, besonders für die Nieren. Allerdings können Nierenschäden nicht nur bei hoher Proteinaufnahme auftreten, sondern auch, wenn zu den Proteinmahlzeiten nicht genügend Wasser aufgenommen wird. Daher sollte man immer genug Wasser trinken.

Neben der alleinigen Aufnahme von Proteinen ist es wichtig, die Proteine zu den richtigen Zeitpunkten aufzunehmen. Vor dem Sport sollte der Körper ausreichend mit Proteinen versorgt sein. Doch auch direkt nach dem Sport, also gegebenenfalls auch abends oder nachts, müssen die Proteinreserven sichergestellt werden. Hier finden der Muskelaufbau und die Umlagerung der Proteine statt. Aus diesem Grund werden in Proteinshakes häufig mehrere Proteinsorten eingesetzt, die eine unterschiedlich schnelle Aufnahmezeit in den Körper haben. Das Molkenprotein beispielsweise liefert zwar einen höheren Beitrag zu den Proteinreserven, wird jedoch sehr schnell verdaut. Das Casein benötigt länger für die Verdauung und steht dem Körper somit länger zur Verfügung. Es trägt jedoch einen geringeren Anteil zu den Proteinreserven insgesamt bei.

Infoboxen: Wundermittel Proteinshake?!?

Wundermittel Proteinshake?!? Infobox 3: Natürliche Proteinquellen

Der Mensch überlebt auch sehr gut ohne Proteinshakes. Denn bei einer ausgewogenen Ernährung ist die genügende Versorgung mit Proteinen sichergestellt.

Nahrungsmittel	Proteingehalt pro 100 g des Nahrungsmittels
Soja[2]	38,2 g
Emmentaler (Käse)[1]	26,6 g
Linsen[2]	23,4 g
Erbsen[2]	22,9 g
Kochschinken[1]	20,0 g
Rindfleisch[2]	18,6 g
Hühnerfleisch[2]	18,5 g
Kabeljaufilet (Fisch)[1]	17,3 g
Magerquark[1]	13,0 g
Vollei[2]	12,5 g
Weizen (Korn)[2]	11,4 g
Vollkornbrot[1]	6,6 g
Vollmilch[2]	3,5 g
Kartoffeln (gekocht, ohne Schale)[1]	2,0 g

Datenquellen **1 Bundeszentrum für Ernährung (2020). Proteintrend bei Lebensmitteln. Online verfügbar unter https://www.bzfe.de/inhalt/proteintrend-bei-lebensmitteln-32492.html; 2 Souci, S. W., Fachmann, W. & Kraut, H. (2008) Die Zusammensetzung der Lebensmittel – Nährwerttabellen. Wissenschaftliche Verlagsgesellschaft**

Hilfskarten: Wundermittel Proteinshake?!?

Wundermittel Proteinshake?!? Hilfskarte 1: Protein ist nicht gleich Protein

Jedes Protein hat einen pH-Wert-Bereich, in dem es seine funktionsfähige Struktur beibehält. Übersteigt der pH-Wert der Lösung, in der das Protein vorliegt, diesen Toleranzbereich, oder liegt er tiefer, dann fällt das Protein aus der Lösung aus.
Im Experiment verwendet ihr die Essigessenz zum Ansäuern der Lösung. Der pH-Wert sinkt deshalb unter 4,5. Nur eines der Proteine ist gegenüber diesem pH-Wert noch tolerant.
Die Temperatur ist ebenfalls ein wichtiger Faktor, damit Proteine stabil bleiben. Im Laborraum herrschen ungefähr 20 °C–25 °C. Schadet dies bereits den Proteinen in den Shakes?

Wundermittel Proteinshake?!? Hilfskarte 2: Welche Proteine sind in welchem Shake enthalten?

Nach der Zugabe der Essigessenz sollten zwei Reagenzgläser eine deutliche Trübung bzw. Flocken enthalten. Welche beiden Reagenzgläser sind das?

Wundermittel Proteinshake?!? Hilfskarte 3: Welche Proteine sind in welchem Shake enthalten?

Gehe noch einmal zurück zu Aufgabe 2. Was wurde durch die Essigessenz bewirkt? Eine pH-Wert-Veränderung oder eine Temperaturerhöhung? Welches Protein könnte folglich ausgefallen sein?

Wundermittel Proteinshake?!? Hilfskarte 4: Welche Proteine sind in welchem Shake enthalten?

Gehe noch einmal zurück zu Aufgabe 2. Ihr habt euere Reagenzgläser auf 100 °C erhitzt. Nur ein Protein toleriert diese Temperaturen und bleibt in der Lösung zurück. Welches Protein könnte folglich ausgefallen sein?

Wundermittel Proteinshake?!? Hilfskarte 5: Welche Proteine sind in welchem Shake enthalten?

Sammle die Informationen aus Aufgabe 3b) und c). In den Reagenzgläsern A wird immer derselbe Shake untersucht (ebenso in B und C). Bei welchen Proteinen hast du ein Kreuz bei welchem Reagenzglas gesetzt? Fasse dies in der Tabelle zusammen.

Hilfskarten: Wundermittel Proteinshake?!?

Wundermittel Proteinshake?!? Hilfskarte 6: Wozu unterschiedliche Proteinshakes?

Molkenprotein wird sehr schnell in den Körper aufgenommen, Casein eher langsam dafür aber langfristig. Kombiniere diese Information mit deinen Ergebnissen aus Aufgabe 3 d).

Wundermittel Proteinshake?!? Hilfskarte 7: Proteinshakes, ja oder Proteinshakes, nein?

Was weißt du bereits über die Zusammensetzung der Shakes und deren Wirkung? Zusätzlich hast du eine weitere Information im Einleitungstext erhalten. Diese Information kannst du sowohl als Vorteil, als auch als Nachteil auslegen. Wieso? In Infobox 2 wurde dir zusätzlich eine Warnung mitgegeben. Beachte auch diese Warnung.

Wundermittel Proteinshake?!? Hilfskarte 8: Proteinshakes, ja oder Proteinshakes, nein?

Ein Hobbysportler oder eine Hobbysportlerin betreibt ein Maß an Bewegung, das der Körper unbedingt benötigt. Er oder sie treibt aber nicht so viel Sport, dass sein oder ihr Proteinbedarf steigt. Zusätzlich können wir davon ausgehen, dass er oder sie mindestens drei ausgewogene Mahlzeiten am Tag (morgens, mittags, abends) zu sich nimmt. Welche Vor- und Nachteile der Proteinshakes gelten also für diese Person und welche werden relativiert?

2 Der Fluch der Matrosen

Kristina Butsch & Eileen Schwarz

2.1 Kurzbeschreibung

In dieser Station lernen die Schülerinnen und Schüler die Bedeutung von Vitamin C für den menschlichen Körper kennen. Sie erhalten neben theoretischen biologischen Informationen auch einen Einblick in die chemische Praxis, indem sie selbstständig eine Titration durchführen um den Vitamin-C-Gehalt verschiedener Getränke zu vergleichen. Damit werden die Schülerinnen und Schüler sowohl zum selbstständigen Forschen als auch zu einer Auseinandersetzung mit gesunder Ernährung und Verbraucherschutz motiviert.

2.2 Rahmenbedingungen

- Zielgruppe: 8.–10. Klasse
- Anzahl der Schülerinnen und Schüler je Lernstation: 2
- Zeitlicher Rahmen der Station: 20 Minuten
- Räumlichkeiten: Tisch, Waschbecken
- Material: Tablet mit Video, Tisch, Tillmans–Reagenz (2,6 – Dichlorphenolindophenol-Natriumsalz, DCPIP), Ascorbinsäure, konz. Essigsäure, Zitronensaft, Smoothie, Bürette, Halterung, Bechergläser, Messkolben, Messzylinder, Pipetten, Sparflaschen mit Tropfverschluss, Waage, Trichter, destilliertes Wasser, Schutzbrillen, Laborkittel
- Nötige Vorkenntnisse: keine
- Digitale Zusatzmaterialien: Arbeitsblätter, Lösungskarten, Video (Webcode: mokuju)

2.3 Sachanalyse

Vitamin C ist ein wasserlösliches, organisches Molekül und auch unter dem Namen Ascorbinsäure bekannt. Der menschliche Körper kann dieses Vitamin weder selbst herstellen noch effizient speichern. Er ist daher auf eine tägliche Aufnahme, in Höhe von circa 75 mg, angewiesen. Es kommt vor allem in Zitrusfrüchten, aber auch in Gemüse wie Paprika, Tomaten und Brokkoli vor (vgl. Dolpp et al., 2018, S. 62).

Im menschlichen Körper ist Vitamin C an der Kollagensynthese beteiligt. Kollagen kommt in Haut, Knochen und Zähnen vor und ist das Protein von Sehnen und Bindegewebe. Es setzt sich aus den drei Aminosäuren Glycin, Prolin und Hydroxyprolin zusammen. Statt dass direkt alle drei Aminosäuren in einer Kette vorliegen, ist an der Stelle von Hydroxyprolin ein weiteres Molekül Prolin vorhanden, das mit Vitamin C oxidiert (Clayden et al., 2013, S.1252). Kollagen macht ein Drittel der gesamten Proteinmasse des Menschen aus und ist vor allem in der extrazellulären Matrix vorhanden. Das ist der Raum zwischen den Zellen eines Gewebes. Die extrazelluläre Matrix ist aus unterschiedlichen Fasern zusammengesetzt. Man unterscheidet dabei zwischen Kollagenfasern, retikulären Fasern und elastischen Fasern, wobei nur die ersten beiden aus Kollagen bestehen. Bei den Kollagenfasern ist das Kollagen zu langen Ketten verbunden, die sich zu Kollagenfibrillen anlagern. Mehrere solcher Fibrillen ergeben eine sehr reißfeste Kollagenfaser. Die retikulären Fasern sind dünner und bilden ein Netzwerk, indem sie sich verzweigen. Dieses Netzwerk verbindet das Bindegewebe mit den benachbarten Organen. Es wird zwischen drei Typen von Bindegewebe unterschieden: lockeres Bindegewebe (zum Beispiel unter dem Hautepithel, zwischen den Organen); straffes Bindegewebe (zum Beispiel Sehnen); Fettgewebe (zum Beispiel in Form von Speicherfett). Knorpel und Knochen zählen zu den Bestandteilen des Stützgewebes (Campbell & Reece, 2009, S. 1158; Schwegler & Lucius, 2016, S. 35 f.).

Weiterhin verbessert Vitamin C die Eisenresorption im Körper, denn es wandelt 3-wertiges Eisen in 2-wertiges Eisen um, das der Körper 2-mal bis 4-mal so gut aufnehmen und verarbeiten kann. Eisen ist zuständig für die Bindung von Sauerstoff an Hämoglobin, sodass der Sauerstoff mit dem Blut im Körper transportiert werden kann (Zeitler & Avsar, 2016, S. 4).

Schließlich dient Vitamin C als Radikalfänger. Es ist „ein universelles Antioxidans, das reaktive Radikale abfängt und das vor Schäden an der DNA schützt." (Clayden et al., 2013, S. 7) Freie Radikale sind Atome mit einem freien Elektron. Das macht sie hochreaktiv. Sie können Zellstrukturen zerstören und langfristig Alterungsprozesse und Erkrankungen wie Krebs begünstigen. Vitamin C kann diese Radikale neutralisieren. Starke sportliche Belastungen hingegen führen zu einer höheren Produktion von freien Radikalen und damit zu oxidativem Stress (ein Ungleichgewicht zwischen der Anzahl an freien Radikalen und Neutralisatoren). Daher ist es gerade für Sportlerinnen und Sportler besonders wichtig, auf eine Vitamin-C-reiche Ernährung zu achten (Berg & König, 2000, S. 177 f.).

Früher litten viele Seefahrer bei langen Reisen an Skorbut. Skorbut bricht nach einer monatelangen Vitamin-C-armen Ernährung aus. Aufzeichnungen des Kapitäns Jacques Cartier während seiner Sankt-Lorenz-Strom-Expedition im Jahr 1542 beschreiben diese Krankheit. Betroffene leiden unter Zahnfleischbluten, Hautproblemen, Fieber und Leistungsschwäche. Nichtbehandlung kann zum Tod führen (Schwegler, 2016, S. 371). Erst 1753 gelang es dem britischen Arzt Dr. James Lind, die Ursache für die Krankheit zu finden (Beckmann, 2021).

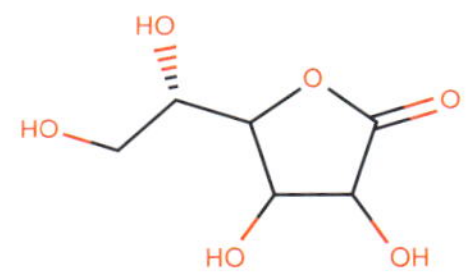

Abbildung 1 **L-Ascorbinsäure (Vitamin C)**

Ascorbinsäure tritt in der Natur als Zuckerderivat auf (Abbildung 1). Das Molekül besteht aus einem Kohlenstoff-6-Ring mit jeweils einem Sauerstoffsubstituenten und einem Sauerstoff-Heterocyclus. Vitamin C „ist an Redoxreaktionen des primären Stoffwechsels beteiligt (Collagensynthese) und schützt [...] vor zufällig vorhandenen Oxidanzien." (Clayden et al., 2013, S. 1258) In Abbildung 2 sind die reduzierte und oxidierte Form von L-Ascorbinsäure dargestellt.

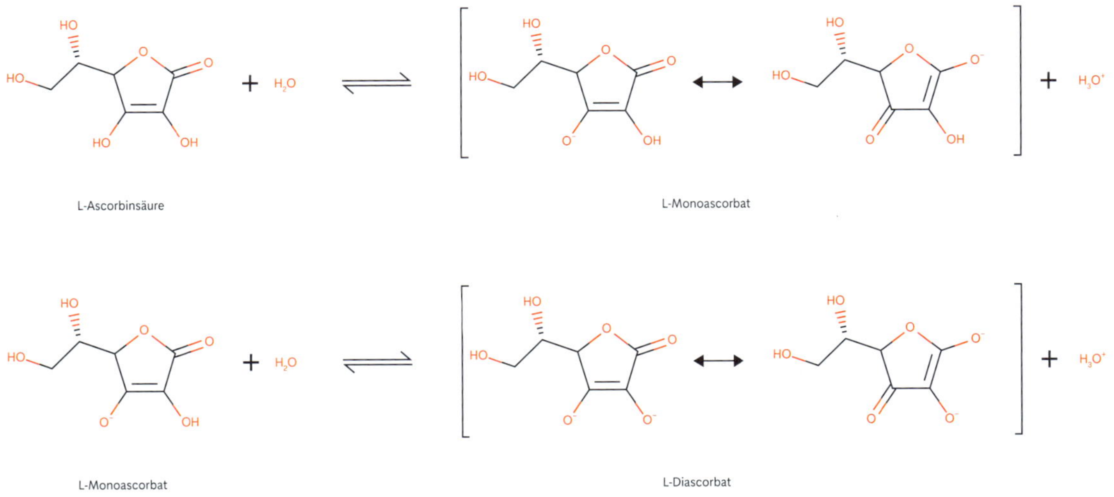

Abbildung 2 **Reduzierte und oxidierte Form von L-Ascorbinsäure**

Die L-Ascorbinsäure gehört, wie oben angegeben, zu den wasserlöslichen Vitaminen. Durch die beiden an einer C-C-Doppelbindung gelegenen OH-Gruppen werden ein starkes Reduktionsvermögen und ein saurer Charakter bedingt. Zur Bestimmung der Ascorbinsäure wird eine Titration mit Tillmans-Reagenz (2,6-Dichlorphenolindophenol) durchgeführt, das in saurer Lösung zur farblosen Leukoverbindung reduziert wird (Beyer & Walter, 1998, S. 479 f.).

Eine Titration oder auch Maßanalyse dient der Bestimmung unbekannter Stoffmengen, Stoffmengenkonzentrationen, Massen und Massenkonzentrationen durch Umsetzung mit einer Maßlösung mit exakter Stoffmengenkonzentration (Küster & Thil, 2019, S. 53). Die Titration von Ascorbinsäure mit 2,6-Dichlorphenolindophenol-Natrium (Tillmans-Reagenz) ist eine Redoxtitration. Dabei unterscheiden sich die reduzierte und die oxidierte Form der Maß-Verbindung, hier 2,6-Dichlorphenolindophenol-Natrium (DCPIP), in ihrer Farbe (Küster & Thil, 2019, S. 82), siehe Abbildung 3.

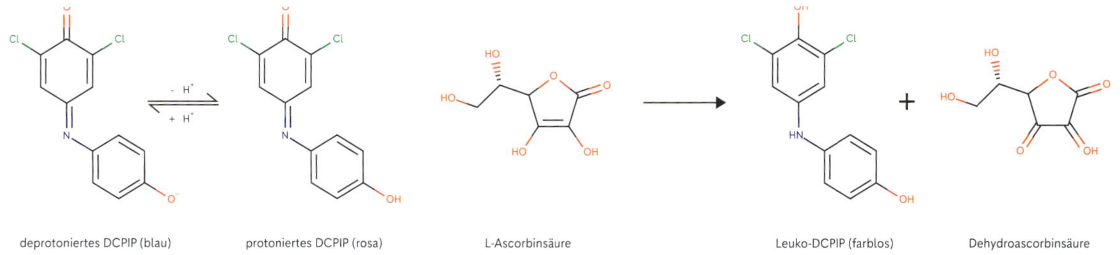

Abbildung 3 **Reaktionsgleichung der Redoxtitration**

2.4 Methodisch-didaktische Überlegungen

Bildungsplanbezug am Beispiel Baden-Württembergs

Für die Biologie lässt sich das Thema Vitamin C in die siebte und achte Klassenstufe im Bereich Humanbiologie verorten. Dazu sind im Bildungsplan im Unterkapitel „Ernährung und Verdauung" vor allem folgende zwei Kompetenzen genannt: „Die Schülerinnen und Schüler können die Bestandteile der Nahrung (Kohlenhydrate, Fette, Eiweiße, Vitamine, Mineralstoffe, Ballaststoffe, Wasser) nennen [und] die Schülerinnen und Schüler können die Bedeutung von Vitaminen, Mineralstoffen, Ballaststoffen und Wasser beschreiben" (Ministerium für Kultus, Jugend und Sport, Bildungsplan Biologie, 2022, S. 15).

Auch die Kompetenz „Die Schülerinnen und Schüler können Kriterien für eine gesunderhaltende Ernährung erläutern und geeignete Mahlzeiten planen" (ebd.) berührt das Thema Vitamine, denn diese sind Teil einer gesunderhaltenden Ernährung. Schließlich nennt der Bildungsplan noch die folgende Kompetenz: „Die Schülerinnen und Schüler können Qualitätsmerkmale von Lebensmitteln (zum Beispiel Gehalt an Vitaminen, Mineralstoffen und Zusatzstoffen, Herkunft, Produktionsverfahren) im Hinblick auf Gesunderhaltung und globale Verantwortung bewerten" (ebd.). Der Vergleich verschiedener vitaminhaltiger Getränke mithilfe der Titration dient hierzu als ein praktisches Beispiel.
In den späteren Klassenstufen wird Vitamin C nicht behandelt.

Im Fach Sport findet man für die Klassenstufen sieben und acht im Unterkapitel „Fitness entwickeln" zwei relevante Kompetenzen im kognitiv-reflexiven Bereich: "Die Schülerinnen und Schüler können Prozesse des Übens und Trainierens reflektieren [und] die Schülerinnen und Schüler können ihren Fitnesszustand realistisch einschätzen" (Ministerium für Kultus, Jugend und Sport, Bildungsplan Sport, 2016, S. 37). Die letztgenannte Kompetenz ist auch in Bezug auf Vitamin C und insbesondere in Bezug auf die Bildung freier Radikale wichtig, denn gerade wenn Sportlerinnen und Sportler sich falsch einschätzen und sich zu sehr überlasten, gerät der Körper in einen oxidativen Stresszustand. Daher ist es wichtig, dass die Schülerinnen und Schüler lernen, ihren aktuellen Fitnesszustand realistisch einzuschätzen. Damit verbunden ist auch die erstgenannte Kompetenz, denn regelmäßiges Training mit einer an den sportlichen Zustand der Person angepassten Intensität führt dazu, dass der Körper enzymatischen Schutz gegen freie Radikale besser aufbauen kann und somit resistenter gegen stärkere körperliche Belastungen wird (Berg & König, 2000, S. 177 f.).

In den weiteren Klassenstufen werden diese Kompetenzen sowohl im Basis- als auch im Leistungsfach wieder aufgegriffen. Im Profilfach Sport enthält der Bildungsplan in den Klassenstufen jeweils ein zusätzliches Kapitel „Wissen". Es beinhaltet die Kompetenz „Die Schülerinnen und Schüler können die Bedeutung der Ernährung vor, während und nach sportlichen Belastungen benennen" (Ministerium für Kultus, Jugend und Sport Baden Württemberg, 2016b, S. 27). Hier kann auf die Bedeutung einer Vitamin-C-reichen Ernährung hingewiesen werden, denn zum einen bietet Vitamin C als Antioxidans einen Zellschutz, zum anderen unterstützt Vitamin C die Eisenresorption und somit die Sauerstoffversorgung des Körpers.

Im Fach Chemie ist die Titration im Bildungsplan 2016 für Gymnasien der Klassenstufe acht bis zehn zugeordnet (Ministerium für Kultus, Jugend und Sportt Baden-Württemberg, 2022b, S. 20 f.), wobei das erste Beispielcurriculum des Landesinstituts für Schulentwicklung die Titration in der Klassenstufe neun ansetzt (Landesinstitut für Schulentwicklung, 2016, S. 26). Der Bildungsplan sieht vor, dass die Schülerinnen und Schüler eine Säure-Base-Titration durchführen und auswerten können (Neutralisation). Diese Kompetenz gehört zu dem übergeordneten Thema „Quantitative Aspekte chemischer Reaktionen". Bei der quantitativen Bestimmung von Vitamin C handelt es sich um eine Redox-Titration und nicht um eine Neutralisation. Da für eine Redox-Titration und deren Auswertung noch nicht genügend Vorkenntnisse vorhanden sind, wird die Titration in dieser Station nur als praktische Übung einer quantitativen Analyse und als erste Einführung der Titration an sich genutzt. Aus diesem Grund, und da sich das Thema Vitamin C im Fach Biologie in der Klassenstufe sieben und acht verorten lässt und hier mit dem Fach Chemie verbunden werden soll, fließt die Berechnung der Titration nicht mit in die Aufgaben ein. Die Einführung der Stoffmengenkonzentration, die dazu nötig wäre, lässt sich nach dem ersten Beispielcurriculum in der Klassenstufe neun verorten und setzt Vorkenntnisse voraus, die in Klasse sieben und acht noch nicht vorhanden sind. Deshalb werden in dieser Station lediglich die absoluten Werte der benötigten Maßlösung mit den Werten der reinen Vitamin-C-Lösung verglichen.

Relevanz und Lebensweltbezug

In der Mittelstufe machen sich einige Schülerinnen und Schüler Gedanken zu ihrer Ernährung, probieren eine vegetarische oder vegane Lebensweise aus oder versuchen, durch eine angepasste Ernährung Gewicht auf- oder abzubauen. Dabei möchten wir auf die Bedeutung einer gesunden und ausgewogenen Ernährung aufmerksam machen und bereits vorhandenes Wissen vertiefen.

In dieser Altersgruppe leiden zudem im Durchschnitt mehr als ein Fünftel der Jugendlichen an einer Essstörung (Hölling & Schlack, 2006). An der Station lernen die Schülerinnen und Schüler, dass der Nutzen von Essen weit über Fett- und Muskelaufbau hinausgeht und welche Folgen der Mangel auch nur eines Vitamins nach sich ziehen kann.

Auch beginnen in diesem Alter einige Schülerinnen und Schüler gezielt Muskeln aufzubauen, wobei manche dies ohne professionelle Aufsicht selbst ausprobieren. Das Training kann dabei zu häufig und zu intensiv ausfallen, wenn der Wunsch nach schnell sichtbaren Ergebnissen groß ist. Die Stationsinhalte zeigen, was im Körper bei einer Überbelastung unter anderem passieren kann.

Schließlich kaufen Schülerinnen und Schüler kleinere Mahlzeiten und Getränke in den Schulpausen selbstständig ein. Durch die Titration sehen sie jedoch, dass auch Getränke, die auf den ersten Blick sehr gesund erscheinen, manche wichtige Nährstoffe nicht beinhalten, und frisches Obst Fertiggetränken vorzuziehen ist.

Methodisch-didaktische Umsetzung

Als erstes schauen sich die Schülerinnen und Schüler ein Video an, in dem erzählt wird, dass Seefahrer früher aufgrund ihrer Ernährung an Bord gestorben sind.[1] Sie sollen die Essensvorräte auf zwei Schiffen vergleichen. Die Schülerinnen und Schüler werden danach gefragt, warum die Seefahrer damals starben. Nach einer Pause, in der die Schülerinnen und Schüler diskutieren und sich danach die richtige Lösung auf der Lösungskarte ansehen sollen, wird weiter das Molekül Ascorbinsäure (Vitamin C) erklärt. Im Video wird im weiteren Verlauf auf die Funktionen von Ascorbinsäure in unserem Körper eingegangen und erörtert, weshalb sie zum Beispiel beim Sport wichtig ist.

Das Video wurde gewählt, um anfangs ansprechend einige Fakten zu vermitteln und die Schülerinnen und Schüler zum Diskutieren anzuregen. Man hätte die Informationen auch in einem Text beschreiben können, jedoch unterstützen die Symbole im Video das Verständnis, und unterschiedlich ausgeprägte Lesekompetenzen scheiden als mögliche Hindernisse aus.

Zum Schluss des Videos wird auf das Experiment übergeleitet, indem die Frage gestellt wird, worin überhaupt Vitamin C in ausreichender Menge enthalten ist und wo es nur suggeriert wird. Hierzu wird eine Titration durchgeführt. Die zu untersuchende Probelösung, eine reine Vitamin-C-Lösung, dient anschließend als Referenzwert. Die Ergebnisse einer zweiten Titration mit Zitronensaft, sowie einer dritte Titration mit einem grünen Bio-Smoothie werden den Schülerinnen und Schülern vorgegeben (Keune & Just, 1999, S. 248 f.). Die Durchführung dieser beiden Titrationen wird nicht von Schülerinnen und Schülern durchgeführt, da diese Titrationen fehleranfällig und zeitintensiv sind. Es zeigt sich, dass im Smoothie weniger Vitamin C enthalten ist als im Zitronensaft. Damit macht die Station die Schülerinnen und Schüler darauf aufmerksam, dass suggerierte Versprechen über die Qualität eines Produktes nicht immer mit der tatsächlichen Qualität übereinstimmen müssen. Die Titration steht hier exemplarisch für quantitative Methoden, die im Chemieunterricht erlernt werden sollen. Sie dient gleichzeitig als Verdeutlichung der ernährungswissenschaftlichen Erkenntnis, in welchen Getränken Vitamin C vorkommt und wie essenziell dieses Vitamin für den menschlichen Körper ist.

Antizipierte Ergebnisse der Schülerinnen und Schüler

Die Schülerinnen und Schüler sollen das Video an einer Stelle pausieren, um über die Frage nachzudenken, was die Seefahrer damals so krank gemacht hat. Sie sollten mit den gezeigten Symbolen darauf kommen, dass auf dem Schiff, auf dem keiner an Skorbut gestorben ist, andere Lebensmittel gegessen wurden – und zwar Sauerkraut und Zitronen. Schülerinnen und Schüler mit viel Vorwissen könnten eventuell darauf kommen, dass es etwas mit Vitamin C zu tun hat. Diese Erkenntnis wird aber nicht erwartet. Im weiteren Verlauf des Videos wird der Zusammenhang mit Vitamin C ausgeführt, dieser wird zudem auf der Lösungskarte genau erläutert.

Bei der Titration sollte es den Schülerinnen und Schülern gelingen, anhand der Beschreibung die drei Titrationen selbstständig durchzuführen. Dafür sollten sie in der Lage sein, die Maßlösung genau einzufüllen, den Umschlagspunkt zu erkennen und entsprechend das Zutropfen zu stoppen. Als letztes sollte noch die Erkenntnis gelingen, dass es besser ist, frisches Obst mit viel Vitamin C zu sich zu nehmen, statt zuckerhaltige Fertiggetränke, die einem nur suggerieren, dass sie gesundheitsfördernd seien und viel Vitamin C enthielten.

1 Das Video können die Schülerinnen und Schüler streamen, indem sie auf www.cornelsen.de/codes oder alternativ im Suchfeld auf www.cornelsen.de den Webcode *mokuju* eingeben.

Mögliche Herausforderungen und entsprechende Förder-/Forderangebote

Mögliche Herausforderungen könnten sein, dass die Schülerinnen und Schüler nicht darauf kommen, dass auch in Sauerkraut Vitamin C enthalten ist, oder sogar die Zitrone nicht als Unterschied erkennen. Dieser Herausforderung wird mit der Lösungskarte begegnet, die die Schülerinnen und Schüler ansehen sollen bevor das Video wieder gestartet wird. Hierdurch sind alle Schülerinnen und Schüler auf dem gleichen Wissenstand, egal ob sie in der Diskussion selbst auf die Lösung gekommen sind oder diese aus der Lösungskarte erfahren haben.

Außerdem könnte die Verknüpfung der Informationen aus dem Video mit der Titration leistungsschwächeren Schülerinnen und Schüler Schwierigkeiten bereiten, ebenso die Titration selbst. Durch die Beschriftung aller Gegenstände soll die Durchführung der Titration erleichtert werden, jedoch ist zu bedenken, dass das Fach Chemie erst mit der achten Klasse beginnt und die Schülerinnen und Schüler also eventuell noch keine Vorerfahrungen mit den Geräten oder dem Experimentieren sammeln konnten. Gerade das genaue Abmessen könnte den Schülerinnen und Schülern schwerfallen.

Benötigte Vorkenntnisse und Vertiefungs-/Weiterführungsmöglichkeiten

In Biologie haben sich die Schülerinnen und Schüler vorher in der Regel bereits mit dem Thema Zelle und Stoffwechsel auseinandergesetzt. Dieses Vorwissen benötigen sie, um zu verstehen, dass Vitamin C die menschlichen Zellen vor freien Radikalen schützt. Aus dem Bereich Ernährung werden keine weiteren Vorkenntnisse erwartet. Das Kapitel Humanbiologie wird in der Oberstufe zwar erneut aufgegriffen, jedoch wird die Ernährung nicht weiter behandelt. Im nachbereitenden Unterricht können weitere Vitamine thematisiert, die Qualität verschiedener Lebensmittel in dieser Hinsicht untersucht und ein ausgewogener Essensplan erstellt werden.

Die Stationsinhalte setzen keine Vorkenntnisse im Bereich Sport voraus. Im Sportunterricht kann auf die Stationsinhalte eingegangen werden, indem man die Schülerinnen und Schüler ihre eigenen Belastungsgrenzen ausprobieren lässt und sie weiterführend zu den Symptomen und Folgen einer Überbelastung aufklärt.

Da die Titration theoretisch nicht weiter behandelt wird, sind aus dem Fach Chemie keine weiteren Vorkenntnisse nötig. Eine Weiterführungsmöglichkeit ist die Behandlung der Neutralisation, sowie die Berechnung von Titrationen. Zudem kann die Ascorbinsäure in Klassenstufe elf/zwölf bei dem Thema „Naturstoffe“ (Ministerium für Kultus, Jugend und Sport Baden-Württemberg, 2022b, S. 34 f.) wieder aufgegriffen werden.

2.5 Verlaufsplan

Min.	Phase und Ziel	Lehr-Lern-Arrangement	Arbeitsweise (Methoden, Sozialform)	Arbeitstechnik (Material, Medien)
3	Einstieg/ Aktivierung	Anschauen des Videos	Einzelarbeit	digitales Endgerät (Tablet, Handy, ...)
4	Aktivierung	Diskussion der im Video gestellten Frage und anschließende Auflösung im Video	Partner/-innenarbeit/ Gruppenarbeit	digitales Endgerät, Lösungskarte
6	Erarbeitung	Bearbeitung der ersten Aufgabe auf dem Arbeitsblatt	Einzelarbeit	Arbeitsblatt
19	Übungsphase	Schülerinnen und Schülerexperiment	Partner/-innenarbeit	Experimentier-Material, Stationsblatt
20	Ergebnissicherung	Wecher Erkenntnisgewinn aus Experiment?	Partner/-innenarbeit	Arbeitsblatt

Literaturverzeichnis

Beckmann, K. (2021, 08. Oktober).
Skorbut. Zugriff unter: https://www.planet-wissen.de/geschichte/persoenlichkeiten/james_cook_entdecker_aus_leidenschaft/pwieskorbut100.html

Berg, A. & König, D. (2000).
Oxidativer Stress und Sport. Deutsche Zeitschrift für Sportmedizin, 51 (5), 177–178.

Beyer, H. & Walter, W. (1998).
Lehrbuch der Organischen Chemie (23. Auflage). Leipzig: S. Hirzel Verlag Stuttgart

Clayden, J., Greeves, N. & Warren, S. (2013).
Organische Chemie (2. Auflage). Berlin, Heidelberg: Springer Spektrum

Campbell, N. A. & Reece, J. B. (2009).
Biologie. (8. Auflage). München: Pearson

Dolpp, N., Ganz, G, Hummel, E., Kalusche, D., Mels, S. & Willmer-Klumpp, C.(2018).
PRISMA Biologie 7-10. Differenzierende Ausgabe (1. Auflage). Stuttgart: Ernst Klett Verlag GmbH

Hölling, H. & Schlack, R. (2006, 23. Dezember).
Prävalenz von Essstörungen nach SCOFF* bei Kindern/Jugendlichen (11 bis 17 Jahre) in Deutschland im Jahr 2006. Zugriff unter
https://de.statista.com/statistik/daten/studie/256716/umfrage/essstoerungen-bei-maedchen/#professional

Keune, H. & Just, M. (1999).
Chemische Schulexperimente, Band 2 Organische Chemie (1. Auflage).
Berlin: Volk und Wissen Verlag GmbH & Co.

Küster, F. & Thil, A. (2019).
Analytik. Daten, Formeln, Übungsaufgaben (109. Auflage). Berlin, Boston: Walter de Gruyter GmbH

Landesinstitut für Schulentwicklung (2016).
Beispielcurriculum für das Fach Chemie. Zugriff unter:
https://www.schule-bw.de/service-und-tools/bildungsplaene/allgemein-bildende-schulen/bildungsplan-2016/beispielcurricula/gymnasium/BP2016BW_ALLG_GYM_CH_BC_8-10_BSP_1.pdf

Ministerium für Kultus, Jugend und Sport Baden-Württemberg (2022a).
Bildungsplan Biologie, Überarbeitete Fassung vom 08. März 2022.
http://www.bildungsplaene-bw.de/,Lde/LS/BP2016BW/ALLG/GYM/BIO.V2

Ministerium für Kultus, Jugend und Sport Baden-Württemberg (2022b).
Bildungsplan Chemie, Überarbeitete Fassung vom 08. März 2022.
http://www.bildungsplaene-bw.de/,Lde/LS/BP2016BW/ALLG/GYM/CH.V2

Ministerium für Kultus, Jugend und Sport Baden-Württemberg (2016a).
Bildungsplan Sport. Zugriff unter:
http://www.bildungsplaene-bw.de/site/bildungsplan/get/documents/lsbw/export-pdf/depot-pdf/ALLG/BP2016BW_ALLG_GYM_SPO.pdf

Ministerium für Kultus, Jugend und Sport Baden-Württemberg (2016b).
Bildungsplan Sport-Profilfach. Zugriff unter:
http://www.bildungsplaene-bw.de/site/bildungsplan/get/documents/lsbw/export-pdf/depot-pdf/ALLG/BP2016BW_ALLG_GYM_SPOPROFIL.pdf

Schwegler, J. & Lucius, R. (2016).
Der Mensch. Anatomie und Physiologie. Stuttgart: Georg Thieme Verlag KG

Zeitler, S. & Avsar, K. M. (2016).
Ascorbinsäure (Vitamin C). Zur Veröffentlichung eingereicht

Stationsblatt: Der Fluch der Matrosen

Aufgabe 1: Video

Schaut euch das Video an und bearbeitet die erste Aufgabe auf eurem Arbeitsblatt. Das Video könnt ihr streamen, indem ihr auf cornelsen.de/codes den Webcode *mokuju* eingebt. Nach der Bearbeitung könnt ihr eure Lösungen der Teilaufgaben 1a) und 1b) mit der jeweiligen Lösungskarte vergleichen.

Aufgabe 2: Experiment – Titration

Wir haben gerade gesehen, wie wichtig eine tägliche Einnahme von Vitamin C ist und dass es viel davon in frischen Früchten und Gemüse gibt. Doch wenn es mal schnell gehen soll, greifen manche lieber auf Smoothies zurück. Aber wie viel Vitamin C nehmen wir mit solchen Getränken dann noch auf?
Das chemische Verfahren, das dafür benutzt wird, den Vitamin-C-Gehalt zu ermitteln, nennt sich Titration. Dabei wird eine blaue Lösung namens Tillmanns-Reagenz so lange zu der zu untersuchenden Flüssigkeit dazugegeben, bis sich die Flüssigkeit rosa färbt. Je mehr Vitamin C die Flüssigkeit enthält, desto mehr Tillmanns-Reagenz muss man hinzugeben, bevor sie einen rosa Farbton annimmt.

Versuchsanleitung:

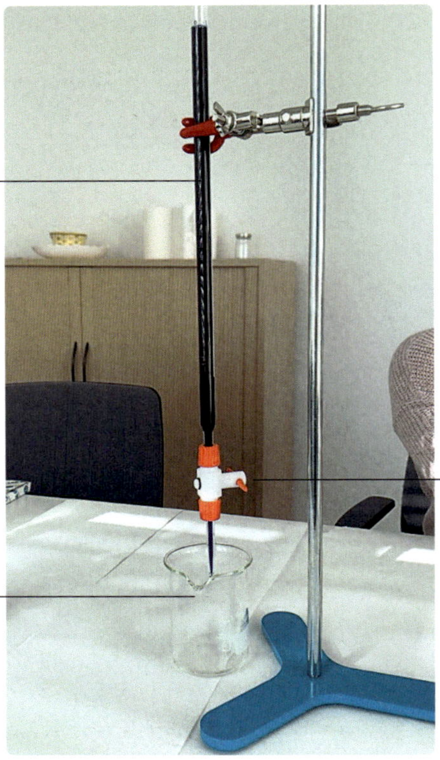

Abbildung 1 **Foto des Versuchaufbaus**

a Beim Experimentieren muss immer auf die Sicherheit geachtet werden, deshalb müsst ihr zuerst einen Laborkittel anziehen und eine Schutzbrille aufsetzen.

b Macht euch nun mit der Funktionsweise der Bürette vertraut: Setzt den Trichter oben auf die Bürette und füllt ein wenig der blauen Tillmans-Reagenz (Maßlösung) in die Bürette. An der Seite könnt ihr einstellen, ob und wie viel der blauen Lösung wieder rauslaufen soll. Stellt die Bürette so ein, dass die Lösung nicht zu schnell tropft.

c Verschließt nun wieder den Auslauf und füllt 25 ml der Tillmans-Reagenz in die Bürette. Achtet darauf, dass der Flüssigkeitspegel genau bei der 25-ml-Markierung liegt. Falls ihr zu viel eingefüllt habt, könnt ihr die Bürette an der Seite aufdrehen und langsam den Überschuss in ein Becherglas tropfen lassen, bis die Menge der Maßlösung passt.

Cornelsen
Erarbeitet von: Kristina Butsch & Eileen Schwarz;
MINT interdisziplinär unterrichten: Lernstationen für Biologie, Chemie und Sport, 2024
Bildquelle: Kristina Butsch

Stationsblatt: Der Fluch der Matrosen

d In ein sauberes Becherglas gebt ihr nun folgende Flüssigkeiten hinzu:
- 10 ml destilliertes Wasser (mit dem Messzylinder abmessen),
- 1 ml der Ascorbinsäure (mit der Pipette),
- 4 Tropfen Essigessenz (mit einer zweiten, sauberen Pipette).

e Stellt das Becherglas unter die Spitze der Bürette.

f Lasst nun langsam die blaue Maßlösung in das Glas tropfen. (Die ersten 5 ml dürfen auch etwas zügiger durchlaufen.) Behaltet im Auge, wie viel Maßlösung sich in der Bürette befindet. Sobald ihr im Becherglas eine schwache Rosafärbung erkennt, verschließt den Ausfluss der Bürette. Lest an der Bürette ab, wie viel Maßlösung ihr verbraucht habt.

g Notiert den Verbrauch der Maßlösung in der Tabelle auf eurem Arbeitsblatt in der Zeile für die Vitamin-C-Lösung.

Bearbeitet nun die Aufgabe 2c) auf dem Arbeitsblatt.

Cornelsen

Erarbeitet von: Kristina Butsch & Eileen Schwarz;
MINT interdisziplinär unterrichten: Lernstationen für Biologie, Chemie und Sport, 2024

Lesetext: Der Fluch der Matrosen

Text als Alternative oder Ergänzung zum Film

Nachdem der Kapitän Jacques Cartier im 16. Jahrhundert mit 100 Mann an Bord in See gestochen war, kam er mit nur noch zehn Matrosen von seiner Reise zurück. Scheinbar grundlos ist fast seine gesamte Mannschaft gestorben. Viele andere Seefahrten nahmen zu dieser Zeit ein solches tragisches Ende, bis man schließlich die Ursache für diese tödliche Krankheit namens Skorbut entdeckte. Schuld war die Ernährung an Bord. In der linken Bildhälfte seht ihr, was die Matrosen auf Cartiers Schiff zu essen bekamen. Daneben ist der Essensvorrat eines Schiffes abgebildet, bei dem die Krankheit nicht aufgetreten ist.

Bearbeitet an dieser Stelle die Aufgabe 1a), bevor ihr im Text weiterlest. Die Lösung findet ihr auf der entsprechenden Lösungskarte

Die Matrosen bekamen Skorbut, weil sie einen starken Vitamin-C-Mangel hatten. Aber was ist Vitamin C überhaupt? Vitamin C ist ein wasserlösliches, organisches Molekül. Der menschliche Körper kann dieses Vitamin weder selbst herstellen noch effizient speichern, und ist daher auf eine tägliche Aufnahme angewiesen.

In unserem Körper ist Vitamin C an der Herstellung des Proteins Kollagen beteiligt, das notwendig für das Bindegewebe ist. Folglich ist Vitamin C daran beteiligt, dass unsere Haut, aber auch unsere Knochen, Knorpel und das Zahnfleisch intakt bleiben. Wenn man beispielsweise eine Hautfalte vom Handrücken hochzieht, verhindert Kollagen, dass sich das Gewebe vom Knochen löst. Dazu hat Vitamin C weitere wichtige Aufgaben: es verbessert zum Beispiel die Eisenaufnahme und schützt unsere Zellen vor freien Radikalen. Wenn wir uns sportlich verausgaben, zum Beispiel bei einem Marathon, produziert unser Körper leider viele dieser Radikale. Sie sind sehr aggressiv und zerstören unsere Zellen. Vitamin C schützt unseren Körper davor.

In eurem Körper gibt es also viele wichtige Aufgaben, die nicht ohne Vitamin C auskommen. Doch aus welchen Nahrungsmitteln bekommt ihr viel Vitamin C? Um das festzustellen, gibt es ein chemisches Verfahren, das ihr jetzt ausprobieren könnt.

Cornelsen
Erarbeitet von: Kristina Butsch & Eileen Schwarz;
MINT interdisziplinär unterrichten: Lernstationen für Biologie, Chemie und Sport, 2024
Illustration: Stella Wolski

3 Räumliches Hören – Blindenfußball

Stella Wolski

3.1 Kurzbeschreibung

Im ersten Baustein dieser Station sollen sich die Schülerinnen und Schüler mit dem Aufbau des menschlichen Ohres auseinandersetzen und verstehen, wie ein Höreindruck im Gehirn entsteht; als Wissenssicherung soll dafür ein Schaubild ergänzt werden. Im Anschluss folgt ein einfacher Versuch zum Richtungshören, die erklärenden Hintergründe werden kurz dargestellt. Im letzten Baustein wird den Schülerinnen und Schülern der Blindenfußball anhand eines informativen Texts als eine inklusive Sportart aus dem Bereich des Behindertensports vorgestellt. Darauf folgt eine praktische Sequenz, in der die Schülerinnen und Schüler den Umgang mit einer Blindenmaske und einem Glockenball selbst erleben können.

3.2 Rahmenbedingungen

- Zielgruppe: 7.–10. Klasse
- Anzahl der Schülerinnen und Schüler je Lernstation: 2
- Zeitlicher Rahmen der Station: 15–20 Minuten
- Räumlichkeiten: Tisch mit 2 Stühlen. Wenn möglich: Platz für vorsichtige Ballversuche
- Material: Gummischlauch, 2 Trichter, Glockenball, Blindenmaske, Desinfektionsmittel
- Nötige Vorkenntnisse: keine
- Digitale Zusatzmaterialien: Arbeitsblätter, Lösungskarten

3.3 Sachanalyse

Biologie: Das Ohr als Hörorgan

Die Reize, die als Töne wahrgenommen werden, sind Druckwellen (Schallwellen). Diese werden von den Gehörsystemen (auch „auditorische Systeme") mithilfe von Mechanorezeptoren in Rezeptorpotenziale umgewandelt (vgl. Sadaya et al., 2019). Das menschliche Gehör hat als auditorisches System Spezialstrukturen, die die Schallwellen auffangen, diese zum Sinnesorgan lenken und die Wirkung auf die Rezeptoren verstärken. Das Ohr lässt sich in Außen-, Mittel- und Innenohr unterteilen, siehe Abbildung 1.

Das **Außenohr** fängt die Schallwellen mithilfe der Ohrmuschel auf und leitet sie durch den **Gehörgang** (auch „auditorischer Kanal") weiter in das Ohr hinein. Am Ende des Gehörgangs befindet sich eine flexible Membran, das **Trommelfell** (Tympanum). Diese Membran gerät durch die Schallwellen in Schwingung und sie konstituiert die Grenze zum Mittelohr.
Das **Mittelohr** ist eine luftgefüllte Kammer, die auch „Paukenhöhle" genannt wird. Die **eustachische Röhre** verbindet das Mittelohr mit dem Rachenraum. Innerhalb des Mittelohrs sind die filigranen Gehörknöchelchen zu finden: **Hammer** (Malleus), **Amboss** (Incus) und **Steigbügel** (Stapes) übertragen die mechanische Schwingung vom Trommelfell auf eine weitere flexible Membran: das **ovale Fenster**. Die Gehörknöchelchen fungieren hierbei als Hebel und verstärken die Auslenkung zwischen der ersten und der zweiten Membran. Das so deutlich verstärkte Signal wird hinter dem ovalen Fenster auf das Innenohr übertragen.

Das **Innenohr** (Labyrinth) ist mit Flüssigkeit gefüllt. Es besteht aus zwei Kanalsystemen: Zum einen aus dem **Gleichgewichtsorgan** (Vestibularorgan), zum anderen aus der **Hörschnecke (Cochlea),** dem Hörorgan. Die Hörschnecke ist ein langer, spitzer werdender Hautschlauch, der zu einer Schnecke geformt im Innenohr liegt, siehe Abbildung 2. Er besteht aus drei parallel verlaufenden Gängen, die durch die **Reissner**- und die **Basilarmembran** getrennt sind. Der obere Kanal (der **Vorhofgang**) und der untere Kanal (der **Paukengang**) gehen am Ende ineinander über.

Auf der **Basilarmembran** (zwischen Schnecken- und Paukengang) sitzt das **Corti-Organ**, das die mechanischen Druckwellen in elektrische Impulse (Aktionspotenziale) umwandelt. Als Teil des Corti-Organs stehen die Stereovilli der **äußeren Haarzellen** in Kontakt mit dem darüber verlaufenden steifen **Deckmantel (Tektorialmembran).** Die **Stereovilli** biegen sich an der Stelle ab, an der die Basiliarmembran ausgelenkt wird; dies passiert für jeden Ton an einer anderen Stelle. Auch die inneren Haarzellen übersetzen die mechanischen Reize in Aktionspotenziale, die über den **Hörnerv** (auch „auditorischer Nerv“) in das Gehirn geleitet werden. Das Gehirn erzeugt aus den elektrischen Impulsen den Höreindruck.

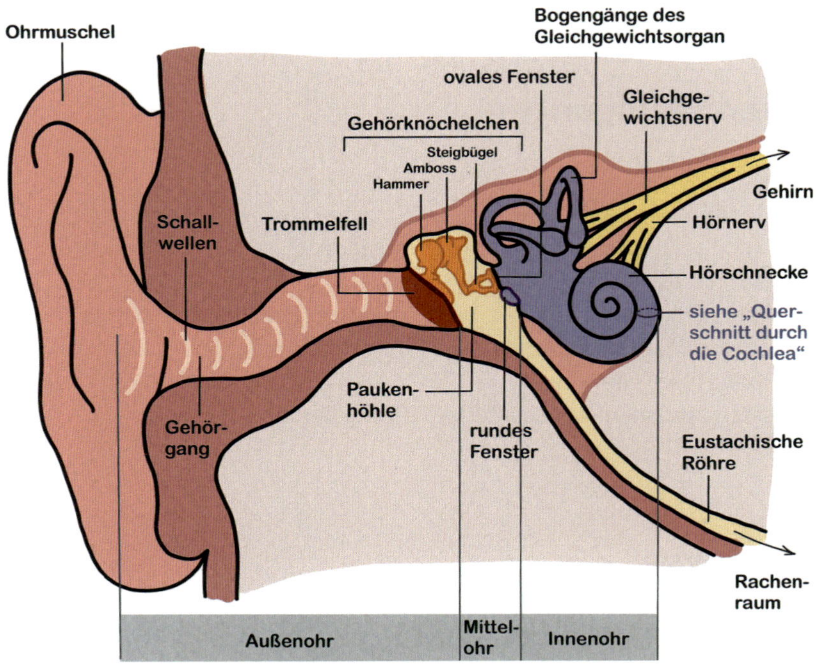

Abbildung 1 Aufbau des menschlichen Ohres

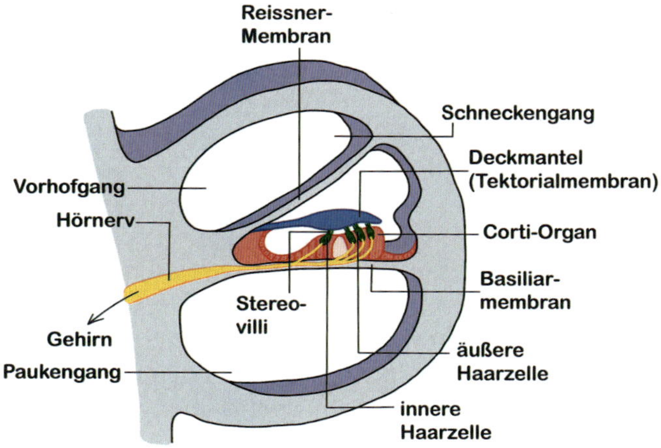

Abbildung 2 Querschnitt durch die Cochlea (Hörschnecke)

Biologie: Räumliches Hören

Damit der räumliche Eindruck von Geräuschen entstehen kann, müssen die Richtung und die Entfernung bestimmt werden, aus der der Schall kommt.
Für die Bestimmung der Richtung, aus der der Schall stammt, sind zwei Faktoren bestimmend (Silbernagel & Despopoulus, 1991):

- Zeitdifferenz: Die Schallwellen erreichen das abgewandte Ohr etwas später als das zugewandte Ohr. Die gerade noch vom Gehirn erkennbare Richtungsabweisung (die Richtungsschwelle) beträgt etwa 4°. Die Schallverspätung bei 4° Richtungsabweisung beträgt etwa 10^{-5} Sekunden.
- Lautstärkedifferenz: Der Schall, der das abgewandte Ohr erreicht, wird etwas leiser wahrgenommen.

Wie weit eine Schallquelle entfernt ist, wird unter anderem dadurch erkannt, dass hohe Frequenzen in Luft mehr gedämpft werden als niedrigere.
Im Stationsversuch wird der Abstand der Quelle von der Mitte des Schlauchs ausgehend ermittelt. Daher konzentriert sich die Erklärung des räumlichen Höreindrucks im Stationsversuch auf die Zeitdifferenz zwischen dem Empfang der Signale am rechten und am linken Ohr und vernachlässigt den hinzukommenden Einfluss der Lautstärkedifferenz.

Physik: Wahrgenommene Zeitdifferenz berechnen

Um in der Auswertung des Stationsversuchs die Zeitdifferenz *t* berechnen zu können, die das Gehirn zwischen dem Eintreffen des Signals am linken und am rechten Ohr je nach Abstand *s* der Quelle von der Mitte des Schlauchs ausgehend wahrgenommen hat, wird folgende Formel verwendet:

$t = \frac{s}{v}$,

worin *v* die Schallgeschwindigkeit in trockener Luft bei 20 °C ist: $343\,\frac{\mathrm{m}}{\mathrm{s}}$.

Wenn die Schülerinnen und Schüler zum Beispiel zu dem Ergebnis kommen, dass sie zweifelsfrei die richtige Richtung „erhören“ können, sobald der Schlauch entweder 5 cm rechts oder 5 cm links von der Schlauchmitte angeklopft wird, dann ergibt sich folgende Rechnung:

$$t = \frac{s}{v} = \frac{0{,}05\,\mathrm{m}}{343\,\frac{\mathrm{m}}{\mathrm{s}}} \approx 0{,}000\,145\,77\,\mathrm{s} \approx 146\,\mu\mathrm{s}.$$

Mit dem Versuchsergebnis bei einem Abstand von 5 cm können die Schülerinnen und Schüler die Aussage treffen, dass ihr Gehirn in diesem Fall eine Zeitdifferenz von etwa 146 Mikrosekunden zwischen dem Eintreffen der Signale an den Ohren wahrgenommen hat.

3.4 Methodisch-didaktische Überlegungen

Bildungsplanbezug am Beispiel Baden-Württembergs

Diese Station lässt sich bezüglich des Fachs Biologie in den Bildungsplan 2016 von Baden-Württemberg vor allem in die 7./8. Klasse an Gymnasien einordnen. Der Bezug zu den inhaltsbezogenen Kompetenzen wird im Themenfeld der „Informationssysteme“ innerhalb der „Humanbiologie“ deutlich. Dort wird unter anderem gefordert, dass die Schülerinnen und Schüler „Sinnesorgane des Menschen und ihre Bedeutung für die Informationsaufnahme aus Umwelt und eigenem Körper“ (Ministerium für Kultus, Jugend und Sport Baden-Württemberg, 2022a, S.15) kennen. Konkreter sollen Schülerinnen und Schüler „das Reiz-Reaktions-Schema an einem Beispiel erläutern“ (ebd.) und „Sinnesorgane ihren adäquaten Reizen zuordnen und die Sinneszellen als Signalwandler beschreiben“ (ebd.) können. Hierzu kann diese Station einen wichtigen Beitrag leisten. Auch der Bezug zu prozessbezogenen Kompetenzen wie „Informationen aus Texten (...) entnehmen“ (ebd., S. 11) ist im Stationskonzept erkennbar.

Weiterhin wird der Bezug zu inhaltsbezogenen Kompetenzen im Fach Physik deutlich. Für die 7./8. Klasse an Gymnasien ist für das Themenfeld „Optik und Akustik“ unter anderem vorgesehen, dass die „Schülerinnen und Schüler (...) physikalische Aspekte des Sehvorgangs und des Hörvorgangs beschreiben (Sender, Empfänger)“ (Ministerium für Kultus, Jugend und Sport Baden-Württemberg, 2022c, S. 14) können.

Innerhalb der Station geht vor allem die zugrundeliegende, physikalische Erklärung des räumlichen Hörens über die rein biologische Betrachtung des Hörvorgangs hinaus und nimmt Bezug zum Bildungsplan Physik.

Außerdem ist auch der Bezug zum Bildungsplan 2016 (Gymnasien) von Baden-Württemberg des Fachs Sport zu erkennen. Die Station spricht vor allem innerhalb der prozessbezogenen Kompetenzen die Sozialkompetenz an. Diese fordert von den Schülerinnen und Schülern, „das eigene Verhalten in sozialen Situationen einzuschätzen und sportliche Handlungen – auch aus der Perspektive von anderen – zu betrachten“ (Ministerium für Kultus, Jugend und Sport Baden-Württemberg, 2016, S. 18). Durch das Themenfeld der Station bezüglich des Blindenfußballs als inklusiver Sportart des Behindertensports wird angestrebt, dass die Schülerinnen und Schüler „wertschätzend miteinander umgehen und andere integrieren“ (ebd.) können – dies ist im Bildungsplan ein Unterpunkt der Sozialkompetenz.

Relevanz und Lebensweltbezug

Der Prozess des Hörens findet alltäglich und die ganze Zeit ununterbrochen bei jedem (gesunden) Menschen statt. Diesen Prozess nachvollziehen zu können ist Teil des Verstehens des eigenen Körper und der umgebenden Welt. Das unmittelbare Erleben besonderer Höreindrücke erhöht außerdem die Motivation der Schülerinnen und Schüler. Der Versuch zum Richtungshören mit dem Gummischlauch verdeutlicht, mit welchen winzigen Zeitunterschieden unser Gehirn einen räumlichen Höreindruck berechnen kann.

Zu erleben, wie es ist blind zu sein und einen Ball lokalisieren zu wollen, zeigt, wie sehr wir uns im Alltag auf unsere Augen verlassen. Es kann zudem das Verständnis gegenüber sehbehinderten Menschen in der Gesellschaft fördern und zu Respekt und Akzeptanz sowie zu Engagement zur Integration beitragen. Das Kennenlernen der Sportart des Blindenfußballs zeigt auf, wie gelungene Inklusion gelebt werden kann und welchen Mehrwert Individualität und Diversität in einer Gesellschaft haben kann.

Methodisch-didaktische Umsetzung

Die Station ist so konzipiert, dass jeweils zwei Schülerinnen und Schüler selbstständig und ohne ergänzende Anweisungen die Aufgaben bearbeiten können. Auf dem Tisch liegen die benötigten Materialien bereit. Versuchsmaterialien wie zum Beispiel der Glockenball können, aus Platzgründen und um Ablenkung vorzubeugen, in einer Kiste unter dem Tisch gelagert werden.

Zu Aufgabe 1: Aufbau des Ohres

Laut Stationsblatt sollen sich beide Schülerinnen und Schüler zu Beginn den Text „Wie hören wir?“ in der Infobox 1 selbstständig durchlesen. Darin wird der grundlegende Mechanismus des Hörens kurz und knapp vorgestellt. Sollten die Schülerinnen und Schüler das Thema bereits im Unterricht behandelt haben (siehe den Bildungsplanbezug oben), kann der Text als auffrischende Wiederholung verstanden werden, die bereits bekanntes Wissen aktiviert. Sollte der Themenbereich den Schülerinnen und Schülern noch nicht bekannt sein, ist der Text einfach genug geschrieben und didaktisch ausreichend reduziert. Somit wird es zu keiner Überforderung kommen, da in dem Text nur die grundlegenden Prinzipien des Hörvorgangs beschrieben werden. Der theoretische Input ist am Beginn der Station platziert, damit sich alle Schülerinnen und Schüler für die nachfolgenden Aufgaben auf dem gleichen Wissenslevel befinden.

Der Text ist so aufgebaut, dass er dem „Weg“ der Schallwellen folgt, bis der mechanische Reiz dann in einen elektrischen Impuls umgewandelt und ins Hirn weitergeleitet wird. Dieser Weg orientiert sich am anatomischen Aufbau. Denn die darauffolgende Aufgabe konzentriert sich vor allem auf die einzelnen Bausteine des menschlichen Ohres: Nachdem die Schülerinnen und Schüler den Text durchgelesen haben, sollen sie in Partner/-innenarbeit für die Aufgabe 1a) das Schaubild auf dem Arbeitsblatt ergänzen. Dafür sollen sie die sechs, kursiv geschriebenen Begriffe (die jeweils einen der Bausteine des Ohres benennen) den sechs leeren Feldern im Schaubild richtig zuordnen. Durch diese Aufgabe setzen sich die Schülerinnen und Schüler nochmals tiefergehend mit dem Textinhalt auseinander. Der Fokus liegt zum einen auf der korrekten Benennung der Körperteile mithilfe der richtigen Fachbegriffe, zum anderen aber auch auf der Verknüpfung von Aufbau und Funktion.

Zu Aufgabe 2: Versuch mit Gummischlauch

Es folgt eine aktivierende, praktische Einheit, in der die Schülerinnen und Schüler einen einfachen, verständlichen Selbstversuch durchführen. Dafür folgen sie den Erklärungen auf dem Stationsblatt zu Aufgabe 2 und nehmen den von den Stationsleitungen fertig präparierten Gummischlauch (Trichter an den Enden befestigt, Beschriftung aufgezeichnet) zur Hand. Eine der beiden Personen hält sich gleichzeitig je einen der Trichter über die Ohrmuschel, wobei der Gummischlauch hinter dem Rücken verläuft. Eine Abbildung auf dem Stationsblatt verdeutlicht den Versuchsaufbau. Daraufhin klopft die andere der beiden Personen mit einem Stift vorsichtig auf verschiedene Stellen des Gummischlauchs. Dabei wird ermittelt, ab welchen Abständen von der Mitte des Schlauchs ausgehend das Gehirn bereits feststellen kann, auf welche Seite des Schlauchs geklopft wurde. Schätzungsweise werden die Schülerinnen und Schüler dazu weniger als eine Minute Zeit benötigen, daher können die Aufgaben (Hören und Klopfen) auch getauscht werden und beide können den Versuch durchführen.

Die ermittelten Zentimeter sollen die Schülerinnen und Schüler auf dem Arbeitsblatt unter Aufgabe 2a) notieren. Zur Versuchserklärung dient Aufgabe 2b): Dafür lesen sich die Schülerinnen und Schüler in Einzelarbeit den Text „Orientierung im Raum durch die Ohren“ in der Infobox 2 durch und sollen dann in zwei bis vier eigenen Sätzen auf ihrem Arbeitsblatt wiedergeben, wie ihre eigene Versuchsbeobachtung zu erklären ist. Diese Art der Ergebnissicherung ist anspruchsvoller, da die Schülerinnen und Schüler das Erlernte selbstständig wiedergeben und formulieren müssen. Dadurch wird der Inhalt aber auch besonders gut eingeprägt. Ist die Aufgabe trotz Lösungskarte (im Online-Material) nicht lösbar oder verständlich ist es vorgesehen, dass die anwesenden Betreuenden der Stationen Hilfestellungen und ergänzende Erklärungen geben können.

Erwähnenswert ist weiterhin, dass der praktische Input (Versuch mit dem Gummischlauch) vor den erklärenden Inhalt (Infobox 2) gestellt wurde, damit dem selbst erlebten Phänomen – motiviert durch eigene Erfahrungen und direktes Erleben – auf den Grund gegangen werden kann. Bestenfalls entsteht durch den kurzen Selbstversuch mit dem Gummischlauch ein kognitiver Konflikt bei den Schülerinnen und Schülern aufgrund des (noch) nicht zu erklärbaren Versuchsergebnisses, der jedoch durch den erklärenden Text aufgelöst werden kann.

Zu Aufgabe 3: Blindenfußball

In diesem dritten und letzten Teil wird die Brücke vom biologischen Hintergrund des Hörens zur Anwendung im Bereich des Sports geschlagen. Dies wird dadurch erreicht, dass der kurze, informative Text „Blind Fußball spielen – Die Ohren ersetzen die Augen“ vorangestellt ist, der den Behindertensport „Blindenfußball“ vorstellt. Dadurch wird das Interesse der Schülerinnen und Schüler geweckt und sie können sich im Anschluss daran selbst ausprobieren.

Als Darstellungsform wurde anstatt eines kurzen, erklärenden Videos ein Text gewählt. Bei einem Video muss erfahrungsgemäß neben der eigentlichen Video-Dauer noch einiges an Zeit hinzugerechnet werden, etwa für die Inbetriebnahme des Geräts. Aus Zeitgründen wurde daher an dieser Stelle auf die Nutzung eines Lernvideos verzichtet.

In diesem Teil der Station wurde der informierende Text ebenfalls vor die praktische Einheit gelegt, damit die Schülerinnen und Schüler wissen, aus welchem Grund und in welcher Anwendung es zum Beispiel nützlich und von Vorteil ist, das eigene räumliche Hören zu trainieren. Denn genau dies können sie nach dem Lesen des Infotextes im Zuge der Aufgaben mit den bereitgestellten Versuchsmaterialien (dem Glockenball und der Blindenmaske) selbst erfahren:
Zuerst soll die Schwierigkeit verdeutlicht werden, blind und nur durch räumliches Hören die richtige Richtung auszumachen, aus der ein Geräusch kommt. Dafür soll sich für Aufgabe 3a) die erste Person die Blindenmaske aufsetzen. Die jeweils andere Person stellt sich an einer beliebigen Stelle um Person 1 herum in einem Abstand von 2 bis 3 Metern auf und sagt klar und deutlich „Hier!“, um ihre Position zu verdeutlichen. Die „blinde“ Person versucht nun, den Glockenball in die Richtung zu rollen (oder vorsichtig zu schießen), in der sie die andere Person vermutet.
Auch hier sollen die Rollen anschließend vertauscht und die Erfahrungen auf dem Arbeitsblatt notiert werden.

Als letzte Aufgabe soll in 3b) deutlich werden, wie schwer es ist, den Ball nur anhand der Rasselgeräusche zu lokalisieren. Dazu soll Person 1 versuchen, nur anhand der rasselnden Geräusche den Ball „blind“ auf der richtigen Seite abzufangen, den ihr Person 2 aus wenigen Metern Entfernung langsam zugerollt hat. An dieser Stelle sollen die Schülerinnen und Schüler auf dem Arbeitsblatt notieren, ob und wie es ihnen gelungen ist, den (sich bewegenden) Glockenball nur anhand des räumlichen Hörens zu lokalisieren.

Diese Selbstversuche (mit Blindenmaske und Glockenball) sensibilisieren die Schülerinnen und Schüler für den Umgang mit sehbehinderten Menschen. Dies ist eine wichtige Voraussetzung für verständnis- und respektvollen Umgang im Alltag. Denn die Schülerinnen und Schüler erleben selbst, wie es ist, den Sehsinn nicht mehr nutzen zu können. Noch mehr jedoch soll durch die Vorstellung des Blindenfußballs eine Sportart porträtiert werden, in der Inklusion und Zusammenspiel behinderter und nicht-behinderter Menschen gelebt wird (siehe den Relevanz und Lebensweltbezug oben).

Diese letzte praktische Einheit kann beliebig lange durchgeführt werden, sollte noch Zeit für die Station übrig sein, um „Stau“ bei der nachfolgenden Station oder Langeweile zu verhindern.

Antizipierte Ergebnisse der Schülerinnen und Schüler

Zu Aufgabe 1: Aufbau des Ohrs

Die Schülerinnen und Schüler lesen sich die Info-Box 1 „Wie hören wir?“ in Einzelarbeit auf dem Stationsblatt aufmerksam durch und fügen anschließend die gewünschten sechs (Fach-)begriffe in Partner/-innenarbeit auf dem Arbeitsblatt in das Schaubild ein (siehe Lösungskarte 1 im Online-Material). Dabei ist es nicht von Bedeutung, ob es sich für die Schülerinnen und Schüler um eine auffrischende Wiederholung bereits bekannten Wissens aus dem eigentlichen Unterricht handelt, oder ob neue Inhalte erlernt werden.

Zu Aufgabe 2: Versuch mit Gummischlauch

Die Schülerinnen und Schüler sollen anhand des einfachen, leicht verständlichen Selbstversuchs feststellen, wie klein der von der Mitte abweichende Abstand auf eine Seite sein kann, damit bereits ein räumlicher Höreindruck entsteht. Idealerweise können sie sich diese Tatsache erst erklären, wenn sie im Anschluss die Info-Box 2 „Orientierung im Raum durch die Ohren“ gelesen haben. Dafür sollen sie dann zum vertiefenden Lernen durch eigene Reproduktion die zugrundeliegenden, theoretischen Hintergründe kurz selbst darlegen (siehe Lösungskarte 2 im Online-Material).

Aufgabe 3: Blindenfußball

Durch die interesseweckende Info-Box 3 „Blind Fußball spielen – Die Ohren ersetzen die Augen“ sollen sich die Schülerinnen und Schüler vorstellen können, wann es von Vorteil sein kann, sich anstatt auf die Augen auf die Ohren und das räumliche Hören zu verlassen. Im Anschluss erfahren die Schülerinnen und Schüler „am eigenen Leib" wie schwer, aber gleichzeitig spannend, so eine neue Art des Zurechtfindens im Raum sein kann: Sie versuchen erst „blind" eine Richtung anhand von Geräuschen auszumachen und dann – ebenfalls „blind" – ein sich bewegendes, geräuschvolles Objekt zu lokalisieren und abzufangen. Sie erleben dabei die Schwierigkeit, sich plötzlich auf andere Sinne verlassen zu müssen, lernen aber vielleicht auch, sich auf andere und neue Art im Raum zu bewegen. Idealerweise informieren sich diejenigen Schülerinnen und Schüler zu Hause weiter, bei denen sich ein Interesse am Behindertensport im Allgemeinen oder am Blindenfußball im Speziellen entwickelt hat.

Mögliche Herausforderungen und entsprechende Förder-/Forderangebote

Leistungsschwächeren Schülerinnen und Schüler könnte das Verständnis der Infobox 1 „Wie hören wir?" und damit die richtige Beantwortung der dazugehörigen Aufgabe schwerfallen, oder sie brauchen dafür mehr Zeit als geplant. Durch die Möglichkeit der verantwortungsvollen Nutzung der Lösungskarten kann dem jedoch entgegengewirkt werden.

Dies gilt noch mehr für den zweiten Teil der Station innerhalb der Aufgabe bezüglich der „Orientierung im Raum durch die Ohren", da die Aufgabe weniger geführt und damit schwerer ist. Dennoch sind auch hier die Lösungskarten eine gute Möglichkeit der Hilfestellung. Wenn sich Schülerinnen und Schüler im dritten Teil unwohl damit fühlen, eine Blindenmaske aufzuziehen, kann das ohne Probleme ausschließlich die jeweils andere Person übernehmen und dann von ihren Erfahrungen berichten.

Leistungsstarke Schülerinnen und Schüler werden höchstwahrscheinlich schneller mit den vorangestellten Aufgaben fertig sein und können sich dann tiefergehend dem Kennenlernen des Blindenfußballs anhand komplexerer Aufgabenstellungen widmen.
Insgesamt wird wahrscheinlich die auf 20 Minuten begrenzte Zeit für eine Station das größte Problem darstellen. Naheliegend wäre hierbei eine Kontrolle des Zeitplans durch die Betreuenden der Station während der Bearbeitung durch die Schülerinnen und Schüler, und ein Feedback, wenn zu lange an einer Aufgabe gearbeitet wird.

Benötigte Vorkenntnisse und Vertiefungs-/Weiterführungsmöglichkeiten

Wie bereits beschrieben, sind Vorkenntnisse im Themenbereich „Sinne" oder „Hören" hilfreich, jedoch nicht zwingend notwendig. Bei Schülerinnen und Schüler der 7. bis 10. Klasse als Zielgruppe dieser Station kann beides der Fall sein (siehe den Bildungsplanbezug oben).

Zum einen sind die Texte und der inhaltliche Anspruch einfach genug gehalten, um die Bearbeitung der Station auch Novizen in diesen Themenbereichen zu ermöglichen. Zum anderen kommt durch die Abwechslung der Aufgabentypen und -inhalte keine Langeweile bei denjenigen Schülerinnen und Schüler auf, denen die Themen bereits aus dem schulischen Unterricht bekannt sein können. Die erste Vertiefungsmöglichkeit stellt die Berechnung des minimalen empfundenen Zeitunterschieds zwischen beiden Ohren dar (siehe Sachanalyse Physik oben). Diese könnte auch in Biologie, eher jedoch in Physik im schulischen Unterricht stattfinden.

Außerdem kann der „blinde" Umgang mit einem Glockenball im Sportunterricht weiter vertieft werden: Durch mehrere Spielerinnen und Spieler und mehr räumlichen (und gesicherten!) Platz lassen sich mehr Aufgabenstellungen realisieren. Dadurch üben die Schülerinnen und Schüler die eigene räumliche Orientierung allein anhand von Geräuschen und erleben den Umgang mit den eigenen Sinnen auf eine neue und spannende Weise.
Die vorgeschlagenen Vertiefungsmöglichkeiten können sowohl im schulischen Unterricht als auch im Rahmen einer zeitlich verlängerten und räumlich vergrößerten Station umgesetzt werden.

3.5 Verlaufsplan

Min.	Phase und Ziel	Lehr-Lern-Arrangement	Arbeitsweise (Methoden, Sozialform)	Arbeitstechnik (Material, Medien)
0–2	Einstieg (oder Wiederholung, wenn bereits bekannt)	Lesen der Infobox 1	Einzelarbeit	Stationsblatt
2–3	Erarbeitung	Zuordnen der Begriffe in das Schaubild (Aufbau des Ohres; Aufgabe 1a)	Partnerarbeit	Stationsblatt und Arbeitsblatt
3–4	Ergebnissicherung	Lösungen überprüfen und gegebenenfalls verbessern	Partnerarbeit	Arbeitsblatt und Lösungskarte 1
4–7	Aktivierung/ Experiment	Arbeitsauftrag Aufgabe 2: Versuchsdurchführung (Gummischlauch)	Partnerarbeit	Stationsblatt und Experimentiermaterialien: Gummischlauch mit beiden Trichtern, Stift
7–8	Ergebnissicherung	Festhalten des Versuchsergebnisses (Aufgabe 2a)	Partnerarbeit	Arbeitsblatt
8–10	Erarbeitung	Lesen der Infobox 2 und Erklärung des Versuchsergebnisses in 2–4 Sätzen (Aufgabe 2b)	Partnerarbeit	Stationsblatt und Arbeitsblatt
10–11	Ergebnissicherung	Lösungen überprüfen und gegebenenfalls verbessern	Partnerarbeit	Arbeitsblatt und Lösungskarte 2
11–13	Information über Blindenfußball	Lesen der Infobox 3	Einzelarbeit	Stationsblatt
13–17	Aktivierung/ Experiment	Arbeitsauftrag Aufgabe 3: Versuchsdurchführung (Blindenfußball)	Partnerarbeit	Stationsblatt und Experimentiermaterialien: Blindenmaske und Glockenball
17–18	Ergebnissicherung	Festhalten des Versuchsergebnisses (Aufgabe 3a/b)	Partnerarbeit	Arbeitsblatt

Literaturverzeichnis

Bergau, M. et al. (2006).
PRISMA. BIOLGIE 7–10 Ausgabe A (1. Auflage). Stuttgart: Ernst Klett Verlag, Seiten 248–249

Sadava, D. et al. (2019).
Purves Biologie (10. Auflage). Berlin: Springer Spektrum, Seiten 1390–1393

Silbernagel, S. & Despopoulus, A. (1991).
Taschenatlas der Physiologie (4. überarbeitete Auflage). Stuttgart: Georg Thieme Verlag, Seite 3

Blindenfußball. Alles rund um das rasselnde Leder.
letzter Zugriff: 05. 12. 21 https://blindenfussball.net/der-blindenfusball/regeln-und-spielweise/

Blindenfußball Bundesliga.
letzter Zugriff: 05. 12. 21 https://www.blinden-fussball.de

Deutscher Blinden- und Sehbehindertenverband e.V. (DBSV).
letzter Zugriff: 21. 11. 21 https://www.dbsv.org/blindenfussball-so-funktioniert-es.html

Ministerium für Kultus, Jugend und Sport Baden-Württemberg (2016).
Bildungsplan – Sport.
http://www.bildungsplaene-bw.de/,Lde/LS/BP2016BW/ALLG/GYM/SPO/PK/04 [letzter Zugriff am 30. 11. 2021]

Ministerium für Kultus, Jugend und Sport Baden-Württemberg (2022a).
Bildungsplan – Biologie, Überarbeitete Fassung vom 08. März 2022.
http://www.bildungsplaene-bw.de/,Lde/LS/BP2016BW/ALLG/GYM/BIO.V2 [letzter Zugriff am 04. 08. 2022]

Ministerium für Kultus, Jugend und Sport Baden-Württemberg (2022b).
Bildungsplan – Chemie, Überarbeitete Fassung vom 08. März 2022.
https://www.bildungsplaene-bw.de/,Lde/LS/BP2016BW/ALLG/GYM/PH.V2 [letzter Zugriff am 04. 08. 2022]

Ministerium für Kultus, Jugend und Sport Baden-Württemberg (2022c).
Bildungsplan – Physik, Überarbeitete Fassung vom 25. März 2022.
https://www.bildungsplaene-bw.de/,Lde/LS/BP2016BW/ALLG/GYM/PH.V2

Stationsblatt: Räumliches Hören – Blindenfußball

Aufgabe 1: Aufbau des Ohres

Lest euch den Text in der Infobox 1 „Wie hören wir?“ aufmerksam durch.

a Tragt die im Text kursiv geschriebenen Begriffe in das Schaubild ein.

Räumliches Hören – Infobox 1: Wie hören wir?

Geräusche bringen in Form von Schalldruckwellen die Luft zum Schwingen. Die Schalldruckwellen erzeugen Luftdruckschwankungen, die vom Ohr wahrgenommen werden: Die Druckwellen in der Luft werden von der *Ohrmuschel* wie ein Trichter eingefangen und in den *Gehörgang* geleitet. Dort trifft die Druckwelle auf eine kleine, dünne Haut, das *Trommelfell.*
Das Trommelfell trennt das Außenohr vom Mittelohr und leitet den Druck an die drei *Gehörknöchelchen* weiter. Die Gehörknöchelchen heißen Hammer, Amboss und Steigbügel.
Sie verbessern die Übertragung des Drucks durch ihre Hebelwirkung.
Der Steigbügel als letztes Gehörknöchelchen überträgt die Druckwellen auf die *Hörschnecke,* die zum Innenohr gehört. Die Gänge der Hörschnecke sind mit Flüssigkeit gefüllt, man nennt sie Ohrlymphe.
Die Druckwellen bringen die Ohrlymphe und die darin enthaltenen Membranen zum Schwingen. Dadurch werden die Sinneshaare zwischen den Membranen verbogen. Die Sinneshaare sind in der schematischen Darstellung rechts auf den grünen Haarzellen zu erkennen.
Diese Sinneszellen wandeln den mechanischen Reiz des Verbiegens in einen elektrischen Impuls um, den sie auf die mit ihr verbundene Nervenzelle übertragen. Viele Nervenzellen und ihre Fortsätze bilden zusammen den *Hörnerv.* Der Hörnerv leitet den elektrischen Impuls ins Gehirn, dort entsteht daraus der Höreindruck.

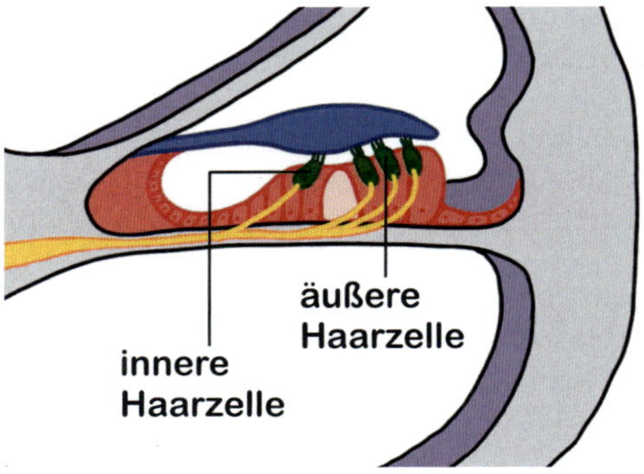

Cornelsen
Erarbeitet von: Stella Wolski;
MINT interdisziplinär unterrichten: Lernstationen für Biologie, Chemie und Sport, 2024
Bildquellen: Stella Wolski

Stationsblatt: Räumliches Hören – Blindenfußball

Aufgabe 2: Versuch mit Gummischlauch

Im Folgenden sollt ihr in einem Versuch die Leistung eures eigenen Gehörs untersuchen.
Die erste Versuchsperson hält sich dazu gleichzeitig je einen der Trichter über die Ohrmuschel.
Der Gummischlauch soll am Rücken liegen, wie in der Abbildung gezeigt.

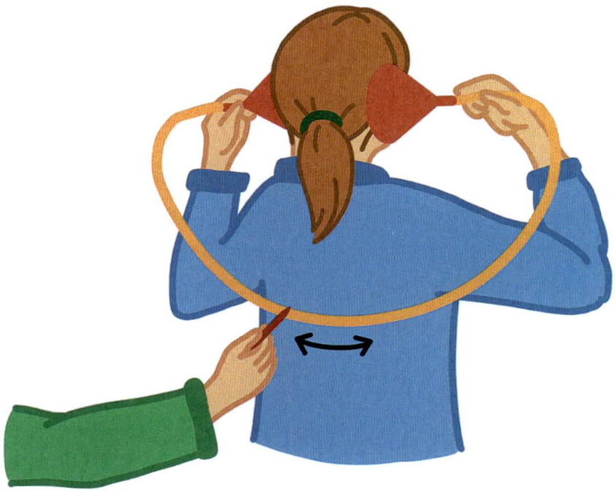

Nun klopft die andere Person mit einem Stift vorsichtig (!) zuerst genau auf die Mitte des Schlauchs (mit einem Kreis markiert), dann ein kleines Stück daneben.

a Erkennt die Testperson schon, auf welcher Seite des Schlauchs geklopft wurde? Wiederholt den Vorgang ein paarmal und gebt auf dem Arbeitsblatt den kleinsten Abstand der „beklopften Stelle" von der Schlauchmitte an, bei dem die Testperson sicher angeben konnte auf welcher Seite des Schlauchs geklopft wurde.

b Lest die Infobox 2 „Orientierung im Raum durch die Ohren" und erklärt das Versuchsergebnis in 2 bis 4 Sätzen in eigenen Worten.

Räumliches Hören – Infobox 2: Orientierung im Raum durch die Ohren

Erst mit zwei Ohren ist Richtungshören möglich: Wenn die Geräuschquelle, also der Ort, von dem die Schallwellen kommen, nicht genau mittig vorne oder hinten liegt, gibt es ein Ohr, das der Quelle näher ist. Dieses nimmt das Geräusch ein klein wenig früher wahr als das weiter entfernte Ohr. Denn der Weg zu dem näheren Ohr ist ein klein wenig kürzer. Die kleine Differenz zwischen den Signalen aus den Ohren wird im Gehirn verarbeitet und wir können unterscheiden, aus welcher Richtung das Geräusch kommt und auch einschätzen, wie weit entfernt die Geräuschquelle ist.

Cornelsen

Erarbeitet von: Stella Wolski;
MINT interdisziplinär unterrichten: Lernstationen für Biologie, Chemie und Sport, 2024
Illustration: Stella Wolski

Stationsblatt: Räumliches Hören – Blindenfußball

Aufgabe 3: Blindenfußball

Lest euch den Text „Blind Fußball spielen – Die Ohren ersetzen die Augen" in der Infobox 3 durch.

Räumliches Hören – Infobox 3: Blind Fußball spielen – Die Ohren ersetzen die Augen

In der Sportart „Blindenfußball" spielen sehende und sehbehinderte Menschen zusammen. Das Spielfeld und die Tore sind kleiner als beim „normalen" Fußball.
Der Ball rasselt gut hörbar, damit die blinden Spielerinnen und Spieler anhand der Geräusche erkennen können, wo er sich befindet. Um Richtung und Entfernung vom Ball, von den Toren oder von anderen Spielerinnen und Spielern einschätzen zu können, braucht man eine sehr gute räumliche Orientierung ausschließlich anhand von Geräuschen.
Ein Team, in dem auch oft Frauen und Männer zusammenspielen, besteht aus vier Feldspielerinnen oder -spielern, einer Person im Tor und einem Rufer oder einer Ruferin.
Die Person im Tor und die Ruferin oder der Rufer können sehen, während die Feldspieler und -spielerinnen blind spielen. Damit die Chancen ausgeglichen sind, müssen alle Feldspielerinnen und -spieler Augenpflaster und eine Augenbinde tragen. An den Augenbinden ist meistens direkt ein Kopfschutz befestigt, um Verletzungen vorzubeugen:

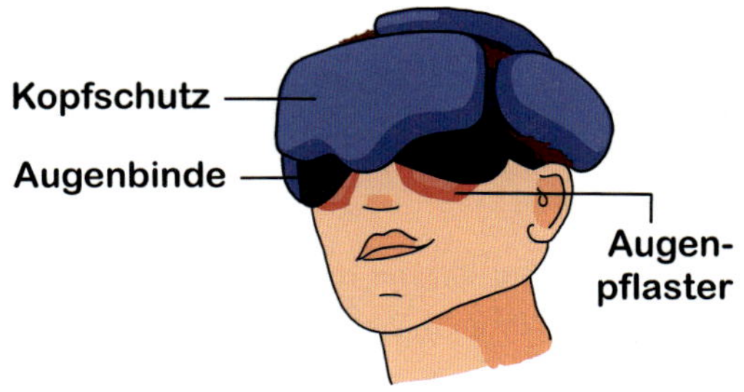

Probiert nun in den folgenden beiden Teilaufgaben aus, wie es ist, blind mit einem Ball zu spielen, der Geräusche von sich gibt, sobald er bewegt wird.

a Eine oder einer von euch (Person 1) stellt sich in 2 bis 3 Metern Abstand zu den nächsten Tischen/Gegenständen auf, legt sich den Ball vor die Füße und zieht sich die Augenbinde (auch „Blindenmaske" genannt) auf. Die andere Person stellt sich anschließend 2 bis 3 Meter entfernt zu Person 1 auf und macht ihre Position mit einem „Hier!" deutlich. Die „blinde" Person versucht nun, den Ball in die richtige Richtung zu Person 2 zu rollen oder (vorsichtig!) zu schießen. Der Ball sollte dabei immer auf dem Boden bleiben.
Wechselt die Rollen, versucht dasselbe noch einmal und notiert dann auf dem Arbeitsblatt eure Erfahrung.

b Stellt euch wieder 2 bis 3 Meter voneinander entfernt auf. Person 2 zieht sich nun zuerst die Augenbinde auf, während Person 1 den Ball hat. Person 1 rollt jetzt den Ball langsam entweder einen halben Meter rechts oder links an Person 2 vorbei. Person 2 versucht, anhand der rasselnden Geräusche den Ball blind auf der richtigen Seite abzufangen. Auch hierbei sollte der Ball nicht geworfen werden, sondern immer auf dem Boden bleiben.
Wechselt auch bei dieser Aufgabe die Rollen und notiert dann, ob und wenn ja, wie es euch gelungen ist, den (sich bewegenden) Ball nur anhand eures Gehörs zu lokalisieren.

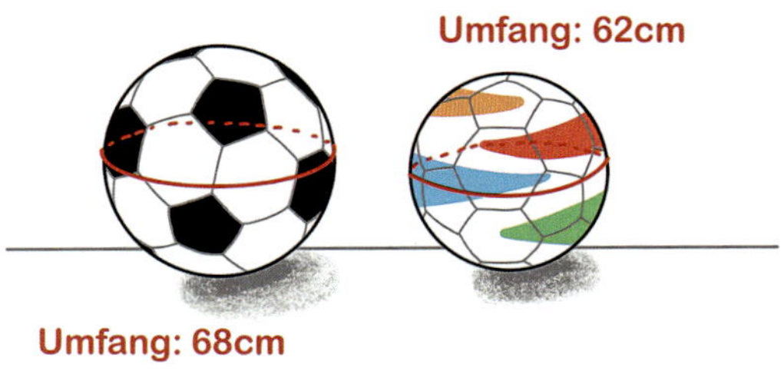

Abbildung 1 **Der Blindenfußball ist etwas kleiner als der „reguläre" Fußball**

Cornelsen
Erarbeitet von: Stella Wolski;
MINT interdisziplinär unterrichten: Lernstationen für Biologie, Chemie und Sport, 2024
Illustration: Stella Wolski

4 Schmerzhafter Sprint

Maysun Naamnih & Alina Leona Wagner

4.1 Kurzbeschreibung

In dieser Lernstation verstehen die Schülerinnen und Schüler die Funktionsweise des Puffersystems und erlernen seine Bedeutung für den menschlichen Körper. Außerdem wird der Zusammenhang zwischen der Entstehung von sauren Substanzen und der Verringerung des pH-Werts im Muskel erlernt, und die Verbindung zum Sport wird geknüpft.

4.2 Rahmenbedingungen

- Zielgruppe: 8.–10. Klasse
- Anzahl der Schülerinnen und Schüler je Lernstation: 2
- Zeitlicher Rahmen der Station: 20 Minuten
- Räumlichkeiten: Klassenzimmer
- Material: Schutzbrillen, 4 Bechergläser (200 ml), 2 Glasstäbe, Spritzflasche mit 250 ml Zitronensäure (5-prozentig), Spritzflasche mit 250 ml Wasser, Essigsäure-Acetat-Puffer (Essigessenz, Natriumacetat), Rotkohlindikator (Rotkohl, destilliertes Wasser), Spritzflasche, Einmalpipetten
- Vorbereitung durch die Lehrkraft:
  Herstellung der Rotkohlindikator-Lösung, indem Rotkohl in destilliertem Wasser gekocht wird und das Filtrat aufgefangen wird, ggf. Herstellung des Essigsäure-Acetat-Puffers (12 g Essigessenz (25-prozentig) und 6,8 g Natriumacetattrihydrat auf 500 g auffüllen)
- Vorbereitung Inhalt der 4 Bechergläser:
  Bechergläser 1 und 2: 2 ml Rotkohlindikator-Lösung, 100 ml Essigsäure-Acetat-Puffer (Essigessenz und Natriumacetat)
  Becherglas 3 und 4: 2 ml Rotkohlindikator-Lösung, 100 ml destilliertes Wasser
- Nötige Vorkenntnisse: Grundkenntnisse im Umgang mit Laborgeräten
- Digitale Zusatzmaterialien: Arbeitsblätter, Lösungskarten

4.3 Sachanalyse

Der pH-Wert ist als negativer dekadischer Logarithmus der H^+-Ionenkonzentration definiert. Er gibt Auskunft darüber, wie sauer oder alkalisch eine Lösung ist. Der Messbereich der pH-Skala reicht von 0 bis 14. Die Zuordnung ist: 0–2 stark sauer, 3–6 leicht sauer, 7 neutral, 8–11 leicht alkalisch, 12–14 stark alkalisch. Den pH-Wert kann man mithilfe eines Indikators messen, zum Beispiel mit Rotkohlsaft.

Indikatoren sind Hilfsmittel, die durch Färbung den pH-Wert von Lösungen anzeigen. Der Rotkohlindikator ist ein Universalindikator. Der im Rotkohlsaft enthaltene Farbstoff Cyanidin kann Farben von rot (sauer) bis blau (alkalisch) annehmen (pH>10 gelb/grün).

Eine Säure ist eine Verbindung, die in wässriger Lösung unter Abgabe von H^+-Ionen und Bildung von H_3O^+-Ionen dissoziiert. Sie senkt den pH-Wert einer Lösung durch die Bildung von Protonen. Eine Base hingegen erhöht den pH-Wert einer Lösung durch die Bildung von Hydroxid-Ionen.

Pufferlösungen bestehen entweder aus einer schwachen Säure und ihrer konjugierten Base oder aus einer schwachen Base und ihrer konjugierten Säure. Eine Pufferlösung ändert ihren pH-Wert bei der Zugabe von Säuren oder Basen nur geringfügig. Eine Lösung ohne einen Puffer würde bei Zugabe gleicher Mengen von Säure mit einer viel stärkeren Änderung des pH-Werts einhergehen.

Auch im menschlichen Körper spielt der pH-Wert eine Rolle. Er liegt in einem Muskel im Ruhezustand bei 6,9 und nach hoch intensiver Belastung bei 6,2. Denn bei einer sportlichen Belastung und der damit verbundenen Muskelarbeit bilden sich Protonen bei der Säure-Base-Reaktion. Einen besonders großen Einfluss auf den pH-Wert hat dabei die Milchsäure, die im Muskel vollständig dissoziiert vorliegt. Die Milchsäure dissoziiert zu Laktat und Protonen, die letztlich den pH-Wert absenken. Ein Teil der Protonen, die im Muskel gebildet werden, diffundiert durch die Membran in die Venen, in denen das Blut ist. Dadurch werden die Protonen gegen Sauerstoff ausgetauscht. Um einen relativ stabilen pH-Wert aufrechtzuerhalten, kann das körpereigene Puffersystem, das unter anderem im Blut arbeitet, die Säure und somit den pH-Wert abpuffern.

Wichtige Puffer im Muskel sind Eiweiße und Phosphate, im Blut puffern vor allem Hämoglobin und Bicarbonat den pH-Wert ab. Ohne Puffersysteme des Körpers könnten langfristige Schäden durch Azidosen (Übersäuerung) auftreten.

4.4 Methodisch-didaktische Überlegungen

Bildungsplanbezug am Beispiel Baden-Württembergs

Das Thema wird gegen Ende der Klasse 9 im Unterrichtsfach Chemie verortet. Im Rahmen dieser Lernstation untersuchen die Schülerinnen und Schüler die Eigenschaften wässriger Lösungen (sauer, alkalisch, neutral) und ordnen die Fachbegriffe sauer, alkalisch und neutral der pH-Skala zu (Ministerium für Kultus, Jugend und Sport Baden-Württemberg, 2022, Abschnitt 3.2.1.1(8)). Sie führen Nachweise für ausgewählte Stoffe, Ionen, Strukturelemente und funktionelle Gruppen durch (ebd., 3.2.2.1(6)) und Nutzen einen Pflanzenfarbstoff als Indikator zur Identifizierung neutraler, sauer und alkalischer Lösungen (ebd., 3.2.2.1 (8)).

Im Bildungsplan für das Fach Sport wird das Thema bisher nicht explizit berücksichtigt, allerdings erleben Schülerinnen und Schüler im Sporttreiben, sei es im Schulunterricht oder privat, Phänomene wie Muskelschmerzen im Zusammenhang mit Trainingsbelastung.

Relevanz und Lebensweltbezug

Das alltägliche Leben von Schülerinnen und Schülern wird von Laufen, Radfahren und anderen Bewegungen bestimmt. Dabei hatten die Schülerinnen und Schüler sicherlich bereits das Gefühl, an körperliche Grenzen zu stoßen. In dieser Station lernen die Schülerinnen und Schüler eine Ursache kennen, und lernen sie zu erklären und Risiken abzuwägen. Außerdem erkennen die Schülerinnen und Schüler, dass in ihrem Umfeld viele chemische Vorgänge und Stoffe existieren, die sie vorher vielleicht nicht aktiv wahrgenommen haben.

Methodisch-didaktische Umsetzung

Die Schülerinnen und Schüler lesen das Stationsblatt sorgfältig durch und bearbeiten die Aufgaben auf dem Aufgabenblatt. Als Hilfestellung stehen den Schülerinnen und Schülern Lösungskarten zur Verfügung, die sie bei Schwierigkeiten durchlesen können. Anschließend setzen sie sich mit dem Thema in einem Schülerexperiment auseinander und notieren ihre Beobachtungen in der vorgesehenen Tabelle. Dadurch haben die Schülerinnen und Schüler im Anschluss die Möglichkeit, ihre Beobachtungen zu interpretieren. Die Schülerinnen und Schüler können mithilfe des Experiments einen Vorgang im Körper nachvollziehen und ihn auf praktische Handlungen ihrer Lebenswelt übertragen. Dadurch kann ein besseres Verständnis erlangt werden, als dies durch das Lesen eines Textes der

Fall wäre. Außerdem ist der Versuch durch eine Farbänderung anschaulich und ermöglicht die selbstständige Erkenntnisgewinnung durch Beobachtung und Vergleich mit einem Muster (Infobox 1: ph-Wert). Darüber hinaus wird den Schülerinnen und Schülern am Ende die Aufgabe gestellt, wie sich die Änderung eines Parameters langfristig auf den Körper auswirken würde. Dadurch werden die Schülerinnen und Schüler zum Transfer des Gelernten und zur Bewertung von Sachverhalten angeregt.

Antizipierte Ergebnisse der Schülerinnen und Schüler

Für die Aufgabe 1b) und 1c) sollen die Schülerinnen und Schüler die Tabelle 1 entsprechend ihrer Beobachtungen ausfüllen. Für die pH-Wert-Ermittlung mit Puffer sollen die Schülerinnen und Schüler die Farbe in Becherglas 1 beziehungsweise Becherglas 2 mit den Farben auf der pH-Wert-Skala (Infobox 1) vergleichen und die entsprechenden Werte in die jeweilige Zeile eintragen. (Richtige Lösung: pH-Wert 5 in Becherglas 1 und in Becherglas 2.)

In der Aufgabe 1d) soll die Beobachtung in eigenen Worten notiert und eine mögliche Erklärung formuliert werden. (Richtige Lösung: Die Farbe der Lösung verändert sich kaum/nicht. Der Puffer hält den pH-Wert der Lösung konstant.).

In Aufgaben 2a) und 2b) wird vorgegangen wie in Aufgaben 1a) und 1b). Hierfür werden die Farben in den Bechergläsern 3 und 4 mit der pH-Wert-Skala verglichen, die die Veränderung ohne Puffer darstellen. (Richtige Lösung: ph-Wert in Becherglas 3 ist 6, in Becherglas 4 ist der pH-Wert 4).
Die Aufgabe 2c) entspricht der Aufgabe 1c) mit dem Unterschied, dass hier der Vorgang ohne Puffer betrachtet wird. (Richtige Lösung: Die Farbe der Lösung verändert sich von blau zu pink. Der pH-Wert der Lösung sinkt durch die Zugabe von Säure (zugegebene Substanz).)

Für die Aufgabe 2d) sollen sich die Schülerinnen und Schüler Vorteile dieses Puffersystems überlegen und experimentell die Auswirkungen der Übersäuerung betrachten, die durch ein Fehlen des körpereigenen Puffersystems auftreten würde. Dafür sollen sie eine Übersäuerungen durch Zugabe von Substanz simulieren, ihre Beobachtungen notieren, mögliche langfristige Folgen überlegen und eine Erklärung für deren Existenz formulieren (Richtige Lösung: Der pH-Wert wird umso kleiner (pH = 3), je mehr Säure zugegeben wird. Eine Aufgabe des Puffersystems ist es, eine Übersäuerung des Körpers zu vermeiden, indem es den pH-Wert mehr oder weniger konstant hält.).

Mögliche Herausforderungen und entsprechende Förder-/Forderangebote

Die Inhalte sind sehr anspruchsvoll, wenn diese im Unterricht zuvor noch nicht behandelt wurden. Das Einlesen mit dem Stationsblatt und die Vorüberlegungen können viel Zeit in Anspruch nehmen, die evtl. für die Durchführung der Experimente verloren geht. Durch die Infoboxen können die Schülerinnen und Schüler bei Schwierigkeiten eine Hilfestellung in Anspruch nehmen, damit sie die Aufgaben und den Versuch trotzdem bearbeiten können. Leistungsstarke Schülerinnen und Schüler haben die Möglichkeit, ohne Lösungskarten diese Aufgaben zu bearbeiten, indem sie gegebenenfalls detaillierte Informationen aus den Infoboxen zu entnehmen. Außerdem könnte Aufgabe 2d) für stärkere Schülerinnen und Schüler interessant sein, da sie Hypothesen über mögliche Folgen der Übersäuerung des Muskels aufstellen können.

Benötigte Vorkenntnisse und Vertiefungs-/Weiterführungsmöglichkeiten

Die Schülerinnen und Schüler sollten Grundkenntnisse im Umgang mit Laborgeräten und erste Erfahrungen mit der Durchführung von Experimenten haben. Hilfreich wäre es, wenn sie die Begriffe Säure, Base und pH-Wert bereits kennengelernt haben und Verbindungen zu den Begriffen knüpfen können. Vertiefen können die Schülerinnen und Schüler das Thema, indem ihr Blick für verschiedene Indikatoren im Alltag geschärft wird, zum Beispiel Schwarztee, Radieschen, Rote Beete, Kurkuma, Blaubeeren.

4.5 Verlaufsplan

Min.	Phase und Ziel	Lehr-Lern-Arrangement	Arbeitsweise (Methoden, Sozialform)	Arbeitstechnik (Material, Medien)
1–5	Einstieg und Aktivierung Ziel: Motivationssteigerung	Lesen des Stationsblattes • Verstehen der Texte und Vorüberlegungen zur Fragestellung Lesen des Aufgabenblattes • Verstehen der Aufgaben, Austausch bei Unklarheiten und Strukturierung des weiteren Vorgehens	Einzelarbeit, Partnerarbeit	Stationsblatt, Aufgabenblatt
6–13	Erarbeitung	Durchführung des Experiments und Beobachtungsdokumentation	Partnerarbeit	Experimentiermaterialien, Aufgabenblatt
14–20	Ergebnissicherung	Auswertung der Beobachtungen und Interpretation des Ergebnisses auf dem Aufgabenblatt	Partnerarbeit	Aufgabenblatt, Lösungskarte

Literaturverzeichnis

C. E. Mortimer, U. Müller, J. Beck (2015).
Das Basiswissen Chemie. (12. Auflage). Stuttgart: Georg Thieme Verlag, Stuttgart

Hilbert, Michael (2011).
Der Einfluss des pH-Wertes auf die Erregbarkeit der Muskulatur und die Entwicklung muskulärer Ermüdung bei hoch intensiver Intervallarbeit mit einer kleinen Muskelgruppe. Philosophischen Fakultät der Gottfried Wilhelm Leibniz Universität Hannover. Zugriff am 15. 05. 2022 unter
https://www.repo.unihannover.de/bitstream/handle/123456789/7698/670441716.pdf?sequence=1

Casiday, Rachel & Frey, Regina (2007).
Blood, Sweat, and Buffers: pH Regulation During Exercise. Acid-Base Equilibria Experiment. Department of Chemistry. Zugriff am 15. 05. 2022 unter
http://www.chemistry.wustl.edu/~edudev/LabTutorials/CourseTutorials/bb/Buffer/Buffers.pdf

Beispielcurriculum für das Fach Chemie. Klassen 8 bis 10. Beispiel 1. Mai 2017
Zugriff am 27. 05. 2022 unter
https://www.schule-bw.de/service-und-tools/bildungsplaene/allgemein-bildende-schulen/bildungsplan-2016/beispielcurricula/gymnasium/BP2016BW_ALLG_GYM_CH_BC_8-10_BSP_1.pdf

Ministerium für Kultus, Jugend und Sport Baden-Württemberg (2022).
Bildungsplan – Chemie, Überarbeitete Fassung vom 08. März 2022. Zugriff am 04. 08. 2022 unter
http://www.bildungsplaene-bw.de/,Lde/LS/BP2016BW/ALLG/GYM/CH.V2

Stationsblatt: Schmerzhafter Sprint

Marcel aus der 8c läuft Runden im Stadion, da er für den Sportunterricht trainiert. Er läuft die erste Runde so schnell wie er kann. Nach den ersten 400 m muss er jedoch unterbrechen, da seine Oberschenkel anfangen, schmerzhaft zu brennen. Diese Schmerzen lassen nach kurzer Zeit aber wieder nach. Durch welche Veränderung werden diese kurzzeitigen Schmerzen ausgelöst? Während Marcels Sprint entstehen in seinem Körper Substanzen, die sich auf den pH-Wert seiner Muskeln auswirken. Zum Glück hat der Körper ein cleveres Puffersystem entwickelt, um dem rasch entgegenzuwirken. Jetzt ist Marcel bereit für seinen nächsten Sprint.

Finde in dieser Station heraus, wie das körpereigene Puffersystem Marcel bei seinem Sprint unterstützt.

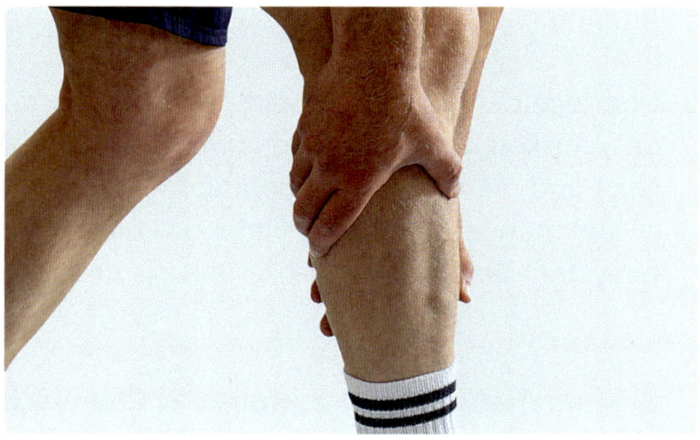

Aufgabe 1: pH-Wert mit Puffer

a Ziehe deine Schutzbrille an und lege sie erst ab, wenn du mit dem Experimentieren fertig bist.

b Die Abläufe in Marcels Muskeln sollen mithilfe der Lösungen in den Bechergläsern dargestellt werden. Messe den pH-Wert in Marcels Muskeln vor seinem Sprint, indem du die Farbe der Lösung aus Becherglas 1 mit der Abbildung aus Infobox 1 vergleichst. Trage den Wert in Tabelle 1 ein.

c Stelle den Vorgang in Marcels Muskeln beim Sprint nach. Gib dafür 5 Tropfen aus der Spritzflasche mit Zitronensäure in Becherglas 2 und rühre mit einem Glasstab um. Messe anschließend den pH-Wert durch Vergleich mit der Abbildung aus Infobox 1. Trage den neuen pH-Wert in Tabelle 1 ein.

d Schreibe deine Beobachtung in eigenen Worten auf das Arbeitsblatt und notiere mithilfe von Infobox 2 eine Erklärung dafür.

Schmerzhafter Sprint – Infobox 1: pH-Wert

Der pH-Wert gibt Auskunft über die Säuren- und Basenstärke. Der Messbereich der pH-Skala reicht von 0 bis 14. Die Zuordnung ist: 0–2 stark sauer, 3–6 leicht sauer, 7 neutral, 8–11 leicht basisch, 12–14 stark basisch. Den pH-Wert kann man mithilfe eines Indikators anzeigen lassen, zum Beispiel mit Rotkohlsaft. Um den pH-Wert in den Bechergläsern 1–4 festzustellen, vergleiche deren Farbe mit der Abbildung.

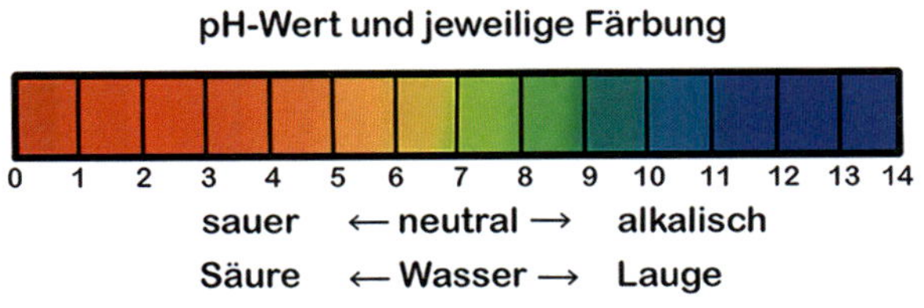

Abbildung 1 Rotkohlindikator Spektrum

Erarbeitet von: Maysun Naamnih & Alina Leona Wagner;
MINT interdisziplinär unterrichten: Lernstationen für Biologie, Chemie und Sport, 2024
Bildquellen: stock.adobe.com/contrastwerkstatt (links); Shutterstock.com/SrideeStudio (rechts)
Illustration: Stella Wolski

Stationsblatt: Schmerzhafter Sprint

Aufgabe 2: pH-Wert ohne Puffer

a Wie wäre der pH-Wert vor dem Sprint, wenn das körpereigene Puffersystem nicht existieren würde? Messe dafür den pH-Wert im Becherglas 3 durch Vergleich mit der Abbildung aus Infobox 1 und trage den Wert in Tabelle 2 ein.

b Wie würde sich der pH-Wert nach dem Sprint ändern, wenn das körpereigene Puffersystem nicht existieren würde? Gib dafür 5 Tropfen aus der Spritzflasche mit Zitronensäure in Becherglas 4 und rühre mit einem neuen Glasstab um. Messe anschließend den neuen pH-Wert durch Vergleich mit der Abbildung aus Infobox 1 und trage diesen in Tabelle 2 ein.

c Schreibe deine Beobachtung in eigenen Worten auf das Arbeitsblatt und notiere eine Erklärung dafür.

d Überlege dir und notiere Vorteile des Puffersystems beim Menschen. Simuliere die Übersäuerung des Muskels, indem du nach und nach mehr Zitronensäure (max. 10 Tropfen) in Becherglas 4 gibst und die Auswirkung beobachtest. Beschreibe, wie sich der pH-Wert verändert. Beschreibe, zu welchen langfristigen Folgen das führen kann. Beschreibe den Unterschied, der durch das Puffersystem bei der pH-Wert-Änderung zu beobachten ist.

Schmerzhafter Sprint – Infobox 2: Chemische Hintergründe

Säuren sind Stoffe, die den pH-Wert absenken und eine Lösung sauer machen, zum Beispiel Zitronensäure macht die Zitrone sauer.
Der Puffer verhindert, dass eine Lösung sehr sauer oder sehr basisch wird. Das heißt, er puffert den pH-Wert ab. In Systemen ohne Puffer würde eine viel stärkere Änderung des pH-Werts auftreten.

Cornelsen
Erarbeitet von: Maysun Naamnih & Alina Leona Wagner;
MINT interdisziplinär unterrichten: Lernstationen für Biologie, Chemie und Sport, 2024
Illustration: Christian Bartz

5 Rekorde im Tierreich – Tiefseetaucher

Vivian Haspel

5.1 Kurzbeschreibung

Ziel dieser Lernstation ist es, den Schülerinnen und Schülern Phänomene beim Tauchen näher zu bringen. Perfektioniert haben das Tauchen die Robben, die sehr lange mit ihren Sauerstoffvorräten haushalten und so über eine Stunde unter Wasser bleiben können. Die Schülerinnen und Schüler sollen sich in dieser Station sowohl mit dem Atemreflex an sich als auch mit der Beeinflussung des Atemreflexes durch die Stoffwechselrate auseinandersetzen. Zusätzlich sollen sie neben dem Apnoe-Tauchen auch das Tauchen mit Gasflaschen sowie die dabei auftretenden Probleme diskutieren.

5.2 Rahmenbedingungen

- Zielgruppe: 8.–10. Klasse
- Anzahl der Schülerinnen und Schüler je Lernstation: 2
- Zeitlicher Rahmen der Station: 20 Minuten beziehungsweise 30 Minuten
- Räumlichkeiten: keine besonderen Anforderungen
- Material: Stoppuhr
- Nötige Vorkenntnisse: Wissen, dass der Mensch Sauerstoff einatmet, durch Arbeit daraus Kohlenstoffdioxid entsteht und Kohlenstoffdioxid wieder ausgeatmet wird.
- Digitale Zusatzmaterialien: Arbeitsblätter, Lösungskarten

5.3 Sachanalyse

Zur Ausführung von Arbeit benötigt der Körper Sauerstoff. Diesen bezieht der Körper aus dem sauerstoffreichen Blut der Arterien. Als Abfallprodukt entsteht Kohlenstoffdioxid (Müller, Frings & Möhrlen, 2019). Dieses wird an die umliegenden Blutgefäße abgegeben und durch die Venen in Richtung des Herzens transportiert. Nach dem Passieren des Herzens fließt das sauerstoffarme und kohlenstoffdioxidreiche Blut durch den Lungenkreislauf. In der Lunge diffundiert das Kohlenstoffdioxid durch das Alveolenepithel in die Lunge (Markl et al., 2019), siehe Abbildung 1. Gleichzeitig diffundiert Sauerstoff aus der Lunge in das Blut. Um ein andauerndes Konzentrationsgefälle der Gase zu erhalten und damit die Diffusion zu ermöglichen, wird die Lunge durch Verengung des Brustkorbs komprimiert. Dadurch werden die in der Lunge befindlichen Gase ausgeatmet. Anschließend wird durch Erweiterung des Brustkorbs wieder eingeatmet. Die Atmung sorgt somit für einen ständigen Austausch von Sauerstoff und Kohlenstoffdioxid mit der Umwelt.

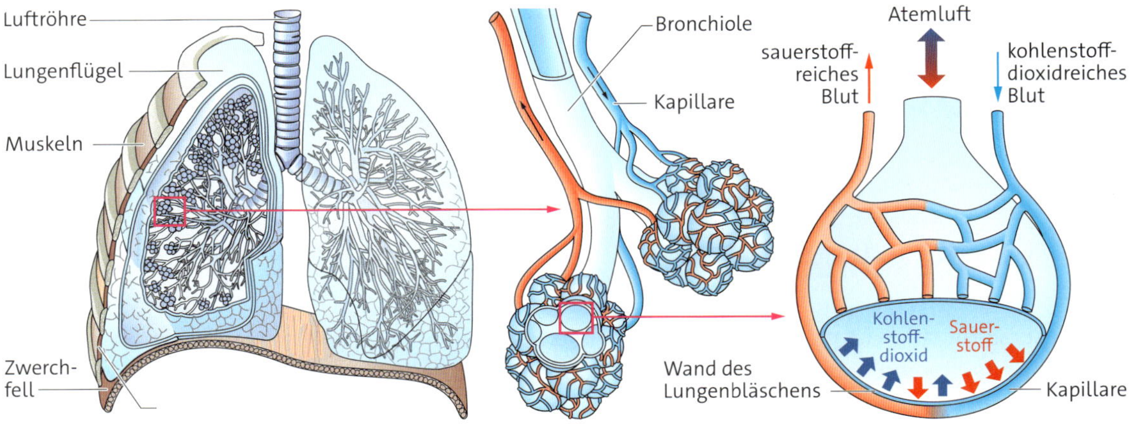

Abbildung 1 **Gasaustausch in der Lunge.**

Die Atmung ist nicht völlig unwillkürlich. Sie kann vom Menschen selbst beeinflusst werden. Der Mensch kann beispielsweise aktiv die Atmung stoppen. Als Folge sinkt der Sauerstoffgehalt des Bluts und der Kohlenstoffdioxidgehalt steigt. Der Anstieg des Kohlenstoffdioxidgehalts wird von der Medulla oblongata des Gehirns aufgrund des einhergehenden pH-Wert-Anstiegs des Bluts wahrgenommen. Das von ihr ausgehende Signal führt zum Atemreflex (Abbildung 2A). Der Atemreflex tritt noch vor einem zu starken Absinken des Sauerstoffgehalts im Blut auf. Entgegen der alltäglichen Meinung ist es somit nicht der niedrige Sauerstoffgehalt des Bluts, der den Atemreflex auslöst, sondern der Anstieg des Kohlenstoffdioxidgehalts. Der Sauerstoffgehalt des Bluts wird an den großen Gewebeknoten der Halsschlagader und der Aorta gemessen. Ein niedriger Sauerstoffgehalt führt zwar zur Erhöhung der Atemfrequenz und der Menge an eingeatmeter Luft, gibt aber beim Anhalten der Luft nicht das Signal zum Einatmen. Wenn der Körper zu wenig Sauerstoff erhält, kann eine Ohnmacht auftreten. Dies geschieht beispielsweise, wenn der Sauerstoffgehalt der Umgebungsluft schlagartig verringert wird. Beispiele hierfür sind Unfälle in Stickstofftanks, bei denen plötzliche Ohnmacht nach Betreten ohne Atemgasausrüstung auftritt. Auch die starke Hyperventilation vor dem Tauchen kann zur Ohnmacht und anschließend zum Tode führen (Abbildung 2B). Durch die Hyperventilation wird die Stickstoffkonzentration des Bluts vor dem Abtauchen ohne Ausrüstung stark reduziert, und somit das Signal zum Auftauchen verzögert. Sinkt der Sauerstoffgehalt zu stark ab, kann es dazu kommen, dass der Atemreflex nicht früh genug einsetzt und die Taucherinnen und Taucher keine Zeit zum Auftauchen mehr haben. Eine Ohnmacht unter Wasser führt anschließend zum Tod.

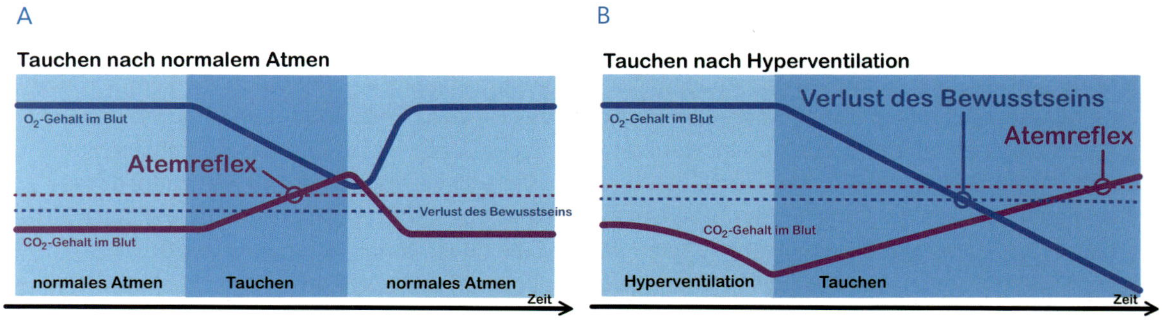

Abbildung 2 **Veränderung des Sauerstoff- und Kohlenstoffdioxidgehalts im Blut beim Anhalten der Luft nach normaler Atmung (A) und nach Hyperventilation (B).**

Das Tauchen unter Hemmung der Atmung erfreut sich besonders in der Nähe des Meeres, aber auch im Schwimmbad großer Begeisterung. Es wird Apnoe-Tauchen genannt (Müller, Frings & Möhrlen, 2019). Die Sauerstoffversorgung erhält der Körper lediglich aus der vor dem Abtauchen eingeatmeten Luft und der im Blut gespeicherten Vorräte. Beim Abtauchen wird die Atemmuskulatur reflektorisch vom Körper stillgelegt, um das Einatmen von Wasser zu verhindern. Der Weltrekord für den längsten Apnoe-Tauchgang eines Menschen liegt bei 22 Minuten und 30 Sekunden (Odobasic, 2013). In der Tierwelt werden deutlich höhere Werte erreicht. Robben können beispielsweise bis zu 82 Minuten unter Wasser bleiben und müssen zwischen ihren Tauchgängen nur kurz Luft holen (Castellini et al., 1992). Zu verdanken haben sie diese große Dauer mehreren evolutionären Anpassungen an ihre Umwelt.

Wie alle Säugetiere besitzen Robben den sogenannten Tauchreflex. Dieser ist bei den Robben besonders stark ausgeprägt (Markl et al., 2019). Bei Berührung des Gesichts mit kaltem Wasser wird die Atmung reflexartig ausgesetzt, der Herzschlag sinkt und die peripheren Gefäße ziehen sich zusammen (Müller et al., 2019). Dadurch wird die Durchblutung der Extremitäten verringert und somit der Blutdruck erhöht. Der Sauerstoffverbrauch des Körpers sinkt und damit gleichzeitig die Entstehung des Kohlenstoffdioxids. Die Sauerstoffreserven genügen länger und der Atemreflex setzt später ein als an Land. Gesteuert wird der Prozess vom vegetativen Nervensystem. Einen ähnlichen sauerstoffsparenden Mechanismus setzen Robben beim Schlafen ein (Markl et al., 2019). Auch dabei reduzieren sie ihre Stoffwechselrate auf etwa 3,4 ml Sauerstoff pro Minute und Kilogramm. Dies hat zur Folge, dass sie während des Schlafs oft minutenlang nicht atmen. Beim kurzzeitigen Abtauchen erhöhen die Robben ihre Stoffwechselrate dann um etwa 20 %. Langfristig sinkt die Stoffwechselrate beim Tauchen sogar unter den Wert in Ruhelage. Die Nähe der Stoffwechselrate zu der des Schlafes nutzen die Robben aus, indem sie beim Absinken in die Tiefe häufig schlafen. Damit die Robben ohne aktive Betätigung in die Tiefe sinken und nicht durch den Auftrieb wieder nach oben steigen, entleeren sie vor dem Abtauchen ihre Lungen fast vollständig (Müller et al., 2019). Diese Erhöhung der Körperdichte genügt, um abzusinken. Robben können besonders viel Sauerstoff an das Myoglobin der Muskulatur binden (Markl et al., 2019). Sie können damit ungefähr fünfmal so viel Sauerstoff pro Kilogramm Körpergewicht speichern wie der Mensch (Mark et al., 2006). Dies erhöht die Sauerstoffreserven so drastisch, dass die geringen Mengen Sauerstoff, die sie in der Lunge speichern könnten, im Vergleich dazu sehr gering wären. Deshalb benötigen sie dort keine Luftreserven und können diese ausatmen.

Das Entleeren der Lungen bis auf das Totvolumen der Luftwege birgt einen weiteren Vorteil. Robben unterliegen weder dem Tiefenrausch noch der Taucherkrankheit. Diese treten häufig bei Tauchenden auf, die mithilfe von Gasflaschen in große Tiefen tauchen. Je stärker der Wasserdruck von außen auf die Lunge drückt, desto stärker werden die Lunge und die Luft in ihrem Inneren komprimiert (Müller, Frings & Möhrlen, 2019). Dies erhöht den Partialdruck der sich in der Lunge befindlichen Gase. Die Lunge wird jedoch nur so lange komprimiert, wie es das mit ihr verwachsene Brustkorbskelett zulässt. Letztendlich erreicht sie ein Residualvolumen von etwa 20 % des Ursprungsvolumens, das nicht weiter komprimiert werden kann. Wird der Wasserdruck zu hoch und liegt gleichzeitig Pressluft an, kann das Gas der Lunge (Sauerstoff und Stickstoff) durch das Alveolenepithel ins Blut übertreten und sich dort lösen. Zwar ist auch an Land ein gewisser Teil Sauerstoff im Blut gelöst, jedoch deutlich weniger, und kein Stickstoff. Steigt bei einem Tauchgang die Konzentration an Stickstoff im Blut, wirkt dies berauschend oder gar narkotisierend. Der entstehende Rausch gleicht dem bei erhöhtem Alkoholkonsum. Er wird aufgrund seines Auftretens auch Tiefenrausch genannt. Um einen Tiefenrausch zu vermeiden, werden Taucherflaschen deshalb auch statt zu Teilen mit Stickstoff mit anderen inerten Gasen wie Helium oder Wasserstoff gefüllt. Jedoch schützt dies nicht vor einer weiteren Problematik. Taucht die tauchende Person wieder aus den Tiefen auf, sinkt der Wasserdruck und damit auch das Vermögen des Bluts, Sauerstoff und Stickstoff zu lösen. Nur bei langsamer Dekompression ist es dem Gas möglich, durch das Alveolenepithel zurück in die Lunge zu diffundieren und dort ausgeatmet zu werden. Aus diesem Grund werden Tauchende dazu angehalten, nach bestimmten Höhenstufen eine Ausgleichszeit von mehreren Minuten auf dieser bestimmten Tauchhöhe einzuhalten. Wird die Ausgleichszeit missachtet, perlt das Gas im Blut beim schnellen Auftauchen aus. Die immer größer werdenden Gasblasen können dann Blutkapillaren verschließen und so zu Embolien und Gewebeschäden führen. Diese Embolien können im tragischsten Fall den Tod bewirken. Die Krankheit wird Dekompressionskrankheit oder, aufgrund ihres Vorkommens, Taucherkrankheit genannt. Nur in manchen Fällen können betroffene Tauchende mithilfe von Überdruckkammern gerettet werden.

5.4 Methodisch-didaktische Überlegungen

Bildungsplanbezug am Beispiel Baden-Württembergs

Der Bildungsplan des Landes Baden-Württemberg von 2016 sieht ein Spiralcurriculum zum Thema „Bewegung im Wasser“ im Fachbereich Sport vor (Ministerium für Kultus, Jugend und Sport, 2016a). Dabei ist die Thematik von der Grundschule an bis zum Abitur durchgehend in jeder Klassenstufe im Bildungsplan verankert. Das Tauchen wird explizit von der ersten (Ministerium für Kultus, Jugend und Sport Baden-Württemberg, 2016b) bis zur 10. Klasse (Ministerium für Kultus, Jugend und Sport Baden-Württemberg, 2016a) erwähnt. Doch auch in der Oberstufe kann das Tauchen hintergründig im Sinne der verschiedenen Sprungtechniken, unter anderem dem Kopfsprung, gefunden werden. Das Tauchen begleitet die Schülerinnen und Schüler damit durch ihre gesamte Schulzeit, wird jedoch nur in seiner praktischen Ausführung, nicht aber in seinen physiologischen Hintergründen genauer beleuchtet. Dies soll in dieser Lernstation ergänzt werden.

In der Biologie spricht diese Lernstation den Bereich „Atmung, Blut und Kreislaufsystem (3.2.2.2)“ an (Ministerium für Kultus, Jugend und Sport Baden-Württemberg, 2022). Dieser Bereich ist in der 7. und 8. Klassenstufe angesiedelt. Dabei beinhaltet die Lernstation genauer den Unterpunkt (5), demzufolge die Schülerinnen und Schüler „Atmung und Kreislauffunktionen (...) in Abhängigkeit von verschiedener Parametern untersuchen“ (ebd.) sollen. Besonders der Sauerstoff- und Kohlenstoffdioxidgehalt des Gewebes und der Lunge haben in dieser Lernstation als Parameter einen Einfluss. Doch auch im Gebiet der Ökologie, das in Klasse 7 und 8 angesprochen werden soll, kann diese Lernstation ein tieferes Verständnis fördern. Genauer wird die Anpassung der Robben an ihren Lebensraum gezeigt (ebd., 3.2.3 (2)).
Neben inhaltlichen Kompetenzen adressiert diese Lernstation prozessbezogene Kompetenzen. Während der Durchführung der Lernstation haben Schülerinnen und Schüler sowohl Vermutungen formuliert als auch Versuche durchgeführt, beobachtet und ausgewertet. Des Weiteren haben sie ein einfaches quantitatives Experiment durchgeführt und aus den Ergebnissen allgemeine Aussagen abgeleitet. Bei der Auswertung der Daten zu den Stoffwechselraten der Robben haben die Schülerinnen und Schüler die Gelegenheit, Informationen aus Tabellen zu entnehmen und zielgerichtet auszuwerten. Am Ende der Lernstation haben die Schülerinnen und Schüler ein weiteres Kriterium kennengelernt, mit dem sie Lebewesen vergleichen und klassifizieren können.

Relevanz und Lebensweltbezug

In der Station wird ein Problem behandelt, dass die Schülerinnen und Schüler häufig erfahren haben. Die meisten Schülerinnen und Schüler wollten schon einmal im Schwimmbad oder an Land möglichst lange die Luft anhalten. Zusätzlich wollten viele schon einmal möglichst lange Strecken beim Tauchen zurücklegen. Meist gelingt es nur für wenige Sekunden oder Minuten, die Atmung auszusetzen. Doch den Schülerinnen und Schülern ist auch bewusst, dass es Tiere gibt, die länger unter Wasser bleiben können. Vielen Schülerinnen und Schüler würden hierzu die Fische einfallen, doch auch viele Säugetiere haben sich an die Umgebung Wasser angepasst. So kennen die Schülerinnen und Schüler schon viele dieser Säugetiere, wie beispielsweise den Delfin, Wale, oder Vögel wie die Pinguine.

Eher unbewusst sind den Schülerinnen und Schülern die Robben als weiteres Beispiel bekannt. Dabei zählen diese zu den Säugetieren, die das Anhalten der Luft sowohl an Land als auch unter Wasser beinahe perfektioniert haben. Die Schülerinnen und Schüler sollen deshalb unter dem Titel „Rekorde im Tierreich“ motiviert werden. Da gerade Extreme besondere Begeisterung im Menschen hervorrufen, wird das Extrem „Robbe“ thematisiert. Ein weiterer Alltagsbezug ist der Tauchsport. Aufgrund vielfältiger Urlaubsmöglichkeiten und Freizeitangebote wird der Tauchsport immer populärer. Für die Schülerinnen und Schüler sollte es deshalb interessant sein, welche Gefahren der Tauchsport mit sich bringt und wie die Robben diese Gefahren minimieren. Gleichzeitig erfahren sie, dass nicht nur beim Tauchen, sondern auch über Wasser Gefahren entstehen, wenn sie eine falsche Atemtechnik anwenden.

Methodisch-didaktische Umsetzung

Die Lernstation hat neben der Untersuchung des Atemreflexes und des Gerätetauchens das Ziel, den Schülerinnen und Schülern Aspekte des Forschungsprozesses näherzubringen. Dazu werden verschiedene Methoden verwendet. Neben einfachen Versuchen sollen die Schülerinnen und Schüler selbst Vermutungen formulieren und diese mithilfe angeleiteter Experimente überprüfen. Die Aufgabenstellung der Experimente unterstützt sie während der Experimente bei der Interpretation. Zusätzlich wenden sie das in den Versuchen erworbene Wissen auf den Kontext des Apnoe-Tauchens der Robben an, indem sie Daten anderer Forscherinnen und Forscher interpretieren.

Rekorde im Tierreich scheinen für den Menschen immer begeisternd und motivierend, da sie indirekt darauf verweisen, dass der Mensch etwas selbst nicht kann. Um den Schülerinnen und Schülern eine Situation ins Gedächtnis zu rufen, in der sie selbst die Problematik des Atemreflexes kennengelernt haben, sollen sie sich in der Einleitung an ihre letzten Tauchversuche erinnern. Sie erkennen hier über den Vergleich des Menschen mit den Robben, dass die Robben tatsächlich viel länger die Luft anhalten können als der Mensch.

Um die Schülerinnen und Schüler nach einer kurzen Einleitung zu Beginn der Station zu aktivieren, sollen sie selbst versuchen, möglichst lange die Luft anzuhalten. Kurz bevor sie wieder Luft holen müssen, ist ihr Auftrag, besonders auf das Gefühl zu achten, das sie verspüren. Ihnen wird dabei bewusst, dass es eher ein Druck ist, den sie verspüren, als das Verlangen, einzuatmen. Diese Erkenntnis ist schon im ersten Versuch wichtig, da sie im Nachhinein dazu beitragen kann die Entstehung des Atemreflexes besser zu verstehen. In der nächsten Aufgabe führen die Schülerinnen und Schüler ein Experiment durch. Nach einer kurzen Wiederholung der Prinzipien der Sauerstoffversorgung des Körpers anhand eines Informationstextes stellen die Schülerinnen und Schüler eine Vermutung darüber auf, welcher Reiz den Körper dazu zwingt, wieder zu atmen, wenn sie die Luft anhalten. Das Aufstellen der Vermutung wird als wichtig erachtet, um den Schülerinnen und Schülern den Ablauf eines vollständig durchgeführten Experiments näherzubringen. Die Fragestellung wurde ihnen hierbei mit der Frage: „Was treibt den Atemreflex an?“ bereits zur Verfügung gestellt. Nach der Formulierung einer Vermutung, führen die Schülerinnen und Schüler ein durch das Stationsblatt angeleitetes Experiment durch. Dabei sollen sie die zwei möglichen Vermutungen (Sauerstoffmangel oder Kohlenstoffdioxidüberschuss als Verursacher des Atemreflexes) mithilfe zweier Atemmuster überprüfen. Das erste Atemmuster dient dazu, möglichst viel Sauerstoff im Blut und möglichst viel Kohlenstoffdioxid in der Lunge anzureichern. Es besteht aus einer Wiederholung tiefen Einatmens und kurzen Ausatmens, bevor nach dem erneuten Luftholen die Luft angehalten werden soll. Das zweite Atemmuster führt zu einer erniedrigten Kohlenstoffdioxidkonzentration in der Lunge, jedoch nicht zu deutlich geringeren Mengen Sauerstoff im Blut. Dieses Atemmuster wird ausgeführt, indem vor dem Luftanhalten zunächst mehrmals kurz ein- und lange ausgeatmet wird. Die Schülerinnen und Schüler dürfen sich je ein Atemmuster aussuchen und dies durchführen. Anschließend erfassen sie ihre Zeit, die sie die Luft anhalten können, erneut und notieren diese. Zusätzlich sollen sie sich an die Beobachtung aus dem ersten Versuch erinnern und das neue Experiment mit den Ergebnissen des ersten Versuchs vergleichen. Sie vermerken dazu, ob es leichter oder schwerer war, die Luft nach dem entsprechenden Atemmuster anzuhalten. Dieser Vergleich erleichtert es den Schülerinnen und Schülern, zu schlussfolgern, welcher Reiz für den Atemreflex verantwortlich ist. Über eine Zuordnung der Atemmuster zu den Effekten der Sauerstoff-Erhöhung beziehungsweise Kohlenstoffdioxid-Erniedrigung werden die Schülerinnen und Schüler an die Deutung der Ergebnisse des Experiments herangeführt. Dieser Zwischenschritt wurde eingebaut, um den Schülerinnen und Schülern bewusst zu machen, welche Auswirkungen die verschiedenen Atemmuster auf den Körper haben. Abschließend führen die Schülerinnen und Schüler ihre Ergebnisse zusammen und vergleichen sie mit der Eingangsvermutung. Sie bestätigen oder falsifizieren hierbei ihre zu Eingang des Experiments aufgestellte Vermutung.

Nachdem die Schülerinnen und Schüler nun die Ursache des Atemreflexes kennen, sollen sie verstehen, warum es Robben möglich ist, viel länger zu tauchen als der Mensch. Dazu führen sie einen neuen Versuch durch. Bei diesem halten sie die Luft an und erhöhen gleichzeitig ihre Stoffwechselrate. Dazu können sie beispielsweise auf der Stelle joggen oder andere sportliche Tätigkeiten, die die Räumlichkeit zulässt, ausführen. Die Schülerinnen und Schüler vergleichen die in diesem Versuch erreichte Zeit mit ihrer Zeit des ersten Versuches und stellen fest, dass sportliche Betätigung einen deutlich höheren Sauerstoffverbrauch und Kohlenstoffdiaoxidanstieg hervorruft. Dieses Wissen transferieren die Schülerinnen und Schüler anschließend auf die Robben. Nach einer kurzen Einleitung füllen die Schülerinnen und Schüler mithilfe der mittleren Stoffwechselraten bei verschiedenen Aktivitäten der Robben einen Lückentext aus. Dabei wurde die Methode des Lückentextes gewählt, um den Schülerinnen und Schülern den Transfer zu erleichtern und ihre Aufmerksamkeit auf die bedeutenden Erkenntnisse zu lenken. Ein freier Text hätte sehr viel Zeit der Bearbeitung in Anspruch genommen und gleichzeitig nicht zu einem erhöhten Mehrwert geführt. Die Arbeit mit Daten fremder Forscherinnen und Forscher soll die Kompetenz der Schülerinnen und Schüler fördern, Daten zu interpretieren, und ihnen gleichzeitig den Umgang mit solchen Daten zeigen. Die Anwendung des eigenen Wissens und Interpretation fremder Daten stellt einen wichtigen Teil der Forschung dar und kann in dieser Lernstation den Schülerinnen und Schülern nähergebracht werden. Abschließend erklären die Schülerinnen und Schüler mithilfe dieser Aufgabe, warum Robben deutlich länger die Luft anhalten können als der Mensch, und welche weiteren Vorteile neben der Stoffwechselrate ihnen dies ermöglichen.

Für schnelle und sehr interessierte Schülerinnen und Schüler folgt nun die Betrachtung des Gerätetauchens. Nach einem kurzen Informationstext über das Gerätetauchen und über die Druckverhältnisse in der Lunge bei verschiedenen Wassertiefen diskutieren die Schülerinnen und Schüler über die Notwendigkeit der Ausgleichszeit. Der Vergleich des menschlichen Körpers mit einer Sprudelflasche soll ihnen die Vorstellung der Prozesse während des Auftauchens erleichtern. Abschließend informieren sich die Schülerinnen und Schüler anhand eines Informationstextes über den Tiefenrausch und die Taucherkrankheit und halten die wichtigsten Informationen dazu fest.

Antizipierte Ergebnisse der Schülerinnen und Schüler

Die Schülerinnen und Schüler sollen bei der ersten Aufgabe messen, wie lange sie die Luft anhalten können. Da diese Zeit von der körperlichen Verfassung der Schülerinnen und Schüler abhängt, werden die Ergebnisse variieren. Die Schülerinnen und Schüler sollen die Zeit auf ihren Arbeitsblättern notieren, um sie später als Vergleich verwenden zu können. Anschließend sollen die Schülerinnen und Schüler eine Vermutung aufstellen, warum der Körper ein Signal zum Einatmen abgibt. Hierbei können sie mithilfe des Einleitungstextes bereits Begründungen für ihre Vermutungen treffen. Eine mögliche Vermutung wäre, dass der Atemreflex einsetzt weil zu wenig Sauerstoff im Blut ist. Die andere Möglichkeit wäre, dass sich zu viel Kohlenstoffdioxid angesammelt hat. Nachdem die Schülerinnen und Schüler sich für ein Atemmuster entschieden haben, soll ihnen auffallen, dass sie die Luft länger anhalten können, wenn sie zuvor viel ausgeatmet haben. Sie sollen festhalten, dass bei langem Ausatmen mehr Kohlenstoffdioxid ausgeatmet und bei langem Einatmen mehr Sauerstoff eingeatmet wird. Die letzten zwei Erkenntnisse sollen sie zusammenführen, um so ihre eigenen Vermutungen zu widerlegen oder zu bestätigen. Sie sollten letztendlich erkennen, dass es die steigende Menge Kohlenstoffdioxid ist, die zum Atemreflex führt.

Um einen Bogen zum Titelthema der Robben zu schlagen, sollen die Schülerinnen und Schüler anschließend feststellen, dass sie die Luft länger anhalten können wenn sie keine sportliche Betätigung ausüben. Sie sollen diese Erkenntnis auf das Verhalten der Robben übertragen und mithilfe der Angabe der Stoffwechselraten erkennen, dass Robben bei langen Tauchgängen ihre Stoffwechselrate drastisch senken. Dabei sollte ihnen auffallen, dass bei Robben die Stoffwechselrate der des Schlafes ähnelt.

Da die Robben zusätzlich eine verbesserte Anpassung an den hohen Druck unter Wasser besitzen, sollen sich die schnellen, sehr interessierten Schülerinnen und Schüler zusätzlich mit der Problematik des erhöhten Drucks unter Wasser beschäftigen. Sie sollen erkennen, dass ein erhöhter Druck zur Komprimierung von Gasen in der Lunge führt. Dieses Wissen sollen sie dann in der Erklärung des Tiefenrausches und der Taucherkrankheit verwenden. Die Schülerinnen und Schüler sollen am Ende der Lernstation den Tiefenrausch als Schädigung der Nerven aufgrund eines hohen Stickstoffgehalts im Blut, sowie die Taucherkrankheit als Folge zu schnellen Auftauchens und dem daraus folgenden Ausperlen der Gase ins Blut beschreiben können.

Mögliche Herausforderungen und entsprechende Förder-/Forderangebote

Die Durchführung der Experimente der Station scheint zunächst sehr einfach. Das Anhalten der Luft haben viele Schülerinnen und Schüler schon häufig getestet. Jedoch können besonders Schülerinnen und Schüler mit schlechterer körperlicher Verfassung hierbei Probleme bekommen. Da es jedoch keine Zeitvorgabe gibt, wie lange die Schülerinnen und Schüler die Luft anhalten sollen, können auch jene Schülerinnen und Schüler die Experimente testen, die nur kurze Zeiten schaffen. Bei der Durchführung der Atemmuster und dem anschließenden Luftanhalten ist es wichtig, dass die Schülerinnen und Schüler immer mindestens zu zweit an der Station sitzen. Dies soll gewährleisten, dass keine Probleme aufgrund des verringerten Sauerstoffs entstehen. Den Schülerinnen und Schülern könnte aufgrund eines zu späten Atemreflexes schwindelig werden oder sie könnten im Extremfall das Bewusstsein verlieren. Um dies zu vermeiden, wurde ein Hinweis in das Stationsblatt integriert, der die Schülerinnen und Schüler eben davor warnen soll und sie dazu anhält, die Experimente nur in Begleitung durchzuführen.

Da es manchen Schülerinnen und Schülern noch schwerfallen könnte, selbstständig Vermutungen zu formulieren, wurde der Einleitungstext der entsprechenden Aufgabe so gewählt, dass aus diesem bereits Vermutungen abzuleiten sind. Falls die Schülerinnen und Schüler mehr Unterstützung benötigen, wird ihnen zusätzlich eine Hilfskarte bereitgestellt, auf der ihnen zwei Möglichkeiten vorgeschlagen werden. Mithilfe der Beobachtungen aus dem vorherigen Experiment sollen sie dann abschätzen, welche der zwei Möglichkeiten sie für wahrscheinlicher halten. Auch für die Auswertung der Stoffwechselraten bei Robben während unterschiedlicher Aktivitäten wird den Schülerinnen und Schülern eine Hilfestellung angeboten. Sie sollen dabei an das kurz zuvor durchgeführte Experiment denken, in dem sie die Luft unter körperlicher Belastung angehalten haben. Daraus sollen sie dann leichter ableiten können, dass mehr körperliche Betätigung mehr Sauerstoff verbraucht. Ebenfalls wird daran erinnert, dass der Körper bei dem Verbrauch des Sauerstoffs Kohlenstoffdioxid produziert.

Die Lernstation wurde zur Differenzierung so aufgestellt, dass schnelle und interessierte Schülerinnen und Schüler die Aufgabe zum Gerätetauchen bearbeiten können. Schülerinnen und Schüler, die nach der Betrachtung der Stoffwechselrate zu einem anderen Thema übergehen möchten oder deren Konzentration nachlässt, sind nicht verpflichtet, sich mit dem Gerätetauchen zu befassen. Besonders für jüngere Schülerinnen und Schüler ist das Prinzip des Drucks unter Wasser noch eher unbekannt. Für sie wäre der Abbruch der Lernstation zu diesem Zeitpunkt sinnvoll. Für ältere Schülerinnen und Schüler können die Aufgaben, die sich auf den Druck beziehen, inkludiert werden, um so ein breiteres Bild der Herausforderung „Tauchen“ zu schaffen. Da die Vorstellung der Komprimierung der Lunge unter Wasser aufgrund erhöhten Drucks vielen Schülerinnen und Schülern schwerfallen könnte, wurde eine Abbildung zum Informationstext hinzugefügt. In dieser Abbildung können die Schülerinnen und Schüler die Größe der Lunge und den in der Lunge herrschenden Druck als Funktion der Wassertiefe verfolgen. Da auch die älteren Schülerinnen und Schüler vermutlich noch nicht mit dem Tiefenrausch und der Taucherkrankheit in Berührung kamen, wird ihnen zur Unterstützung an dieser Stelle eine Infobox zur Verfügung gestellt, die ihnen die Krankheiten kurz erklärt.

Zu allen Aufgaben werden den Schülerinnen und Schülern Lösungskarten angeboten, mit denen sie ihre Ergebnisse vergleichen können.

Benötigte Vorkenntnisse und Vertiefungs-/Weiterführungsmöglichkeiten

Für die Durchführung der Station ist es von Vorteil, wenn die Schülerinnen und Schüler bereits wissen, dass der Mensch Sauerstoff einatmet und Kohlenstoffdioxid wieder ausatmet. Zusätzlich ist es von Vorteil, wenn die Schülerinnen und Schüler bereits wissen, dass die Stoffwechselrate bei körperlicher Betätigung erhöht wird. Dieses Vorwissen ist jedoch nicht zwingend notwendig, da es in der Lernstation noch einmal erarbeitet wird.

Auch sollte jenen Schülerinnen und Schülern, die die optionale Aufgabe der Lernstation bearbeiten, bekannt sein, dass die Umgebungsluft nur zu Teilen aus Sauerstoff und Kohlenstoffdioxid besteht, jedoch ein großer Anteil der Luft aus Stickstoff gebildet wird. Dies ist erforderlich, um zu verstehen, wie der Stickstoff in die Lunge und letztendlich ins Blut gelangt.

5.5 Verlaufsplan

Min.	Phase und Ziel	Lehr-Lern-Arrangement	Arbeitsweise (Methoden, Sozialform)	Arbeitstechnik (Material, Medien)
0–1	Einstieg	Lesen der Einleitung	Partnerarbeit	• Stationsblatt
1–4	Aktivierung	Lesen der ersten Aufgabe Durchführung des Experiments „Luft anhalten“	Partnerarbeit	• Stationsblatt • Stoppuhr • Arbeitsblatt • Lösungskarte 1
4–6	Wiederholung und Erarbeitung 1.1	Lesen der Einleitung der Aufgabe 2 Aufstellen einer Vermutung, Aufgabe 2a)	Partnerarbeit	• Stationsblatt • Arbeitsblatt • Hilfskarte 1
6–10	Erarbeitung 1.2	Durchführung des Experiments mit Atemmustern, Aufgabe 2b)	Partnerarbeit	• Stationsblatt • Stoppuhr • Arbeitsblatt • Lösungskarte 2
10–14	Ergebnissicherung 1	Aufgaben 2c) und 2d) Erkennen der Ursache des Atemreflexes; Überprüfung der Vermutung aus Aufgabenteil 2a)	Partnerarbeit	• Arbeitsblatt • Stationsblatt • Lösungskarten 3 und 4
14–20	Erarbeitung 2 und Ergebnissicherung 2	Aufgabe 3a) Durchführung des Experiments bei körperlicher Aktivität Erkennen des Zusammenhangs von körperlicher Aktivität und der Stoffwechselrate	Partnerarbeit	• Arbeitsblatt • Stationsblatt • Stoppuhr • Hilfskarte 2 • Lösungskarten 5 und 6
20–25	Erarbeitung 3.1 (optional)	Lesen der Infobox 1 Diskussion der Ausgleichszeit, Aufgabe 4a)	Partnerarbeit	• Stationsblatt • Infobox 1 • Hilfskarte 3
25–30	Erarbeitung 3.2 und Ergebnissicherung 3 (optional)	Lesen der Infobox 2 Ursachen Tiefenrausch und Taucherkrankheit erkennen, Aufgabe 4b)	Partnerarbeit	• Arbeitsblatt • Stationsblatt • Infobox 2 • Hilfskarte 3 • Lösungskarten 7 und 8

Literaturverzeichnis

Castellini, M. A., Kooyman, G. L. & Ponganis, P. J. (1992).
Metabolic rates of freely diving weddell seals: Correlations with oxygen stores, swim velocity and diving duration. Journal of Experimental Biology, 165,181–194.

Mark, I. a. d., Klare, W., Rosenberg, M. & Wenzel, S. (2006).
Abtauchen – Der Mensch unter Wasser. Köln: WDR.

Markl, J. [Hrsg.], Sadava, D., Hillis, D., Heller, H. C. & Hacker, S. (2019).
Purves Biologie. 10. Auflage. Berlin: Springer Spektrum.

Ministerium für Kultus, Jugend und Sport Baden-Württemberg (2016a).
Bildungsplan—Sport. Abgerufen am 14. 07. 2020 von
http://www.bildungsplaene-bw.de/,Lde/LS/BP2016BW/ALLG/GYM/SPO.

Ministerium für Kultus, Jugend und Sport Baden-Württemberg (2016b).
Bildungsplan der Grundschule. Bewegung, Spiel und Sport. Abgerufen am 14. 07. 2020 von
http://www.bildungsplaene-bw.de/,Lde/LS/BP2016BW/ALLG/GS/BSS.

Ministerium für Kultus, Jugend und Sport Baden-Württemberg (2022).
Bildungsplan – Biologie, Überarbeitete Fassung vom 08. März 2022.
http://www.bildungsplaene-bw.de/,Lde/LS/BP2016BW/ALLG/GYM/BIO.V2

Müller, A. W., Frings, S. & Möhrlen, F. (2019).
Tier- und Humanphysiologie. Eine Einführung. 6. Auflage. Berlin: Springer Spektrum.

Odobasic, M. (2013).
22,5 Minuten ohne Sauerstoff unter Wasser. Abgerufen am 21.07.2020 von
https://kurier.at/sport/apnoetauchen-22-5-minuten-ohne-sauerstoff-unter-wasser/29.134.953.

Sadava, D., Hillis, D., Heller, H., & Hacker, S. (2017).
Purves Biologie (11. Ausg.). (J. Markl, Hrsg.) Berlin: Springer Spektrum

Stationsblatt: Rekorde im Tierreich – Tiefseetaucher

Habt ihr schon einmal im Schwimmbad versucht, möglichst lange zu tauchen? Die meisten Menschen schaffen dies gerade einmal eine Minute, der Weltrekord liegt bei etwa 22,5 Minuten. Robben jedoch sind im „Luft-Anhalten" wahre Meister. Amerikanische Forscherinnen und Forscher konnten nachweisen, dass manche Robben sogar bis zu 82 Minuten unter Wasser bleiben können, ohne zwischendurch aufzutauchen. Aber wie schaffen das die Robben?

Aufgabe 1: Eure persönliche Zeit

Testet euch selbst. Wie lange könnt ihr die Luft anhalten?

a Nehmt die Stoppuhr und messt damit, wie lange jede/r von euch die Luft anhalten kann. Beobachtet, welches Gefühl ihr bis zum und kurz vor dem notgedrungenen Einatmen verspürt. Notiert beides auf euren Arbeitsblättern. Vergleicht mit Lösungskarte 1.

Aufgabe 2: Was treibt den Atemreflex an?

Gehirn, Herz, Muskeln und weitere Organe benötigen Sauerstoff, um Arbeit verrichten zu können. Nach der Verwendung des Sauerstoffs geben diese Gewebe Kohlenstoffdioxid als Abfallprodukt an das Blut ab. In der Lunge findet dann ein Gasaustausch statt: Neuer Sauerstoff wird in das Blut aufgenommen, Kohlenstoffdioxid wird an die Umgebungsluft abgegeben. Um das zu ermöglichen, muss immer frische Luft in den Lungen sein – man muss atmen. Doch was treibt den Atemreflex an? Der Sauerstoffmangel im Blut oder die hohe Kohlenstoffdioxidkonzentration in der Lunge?

a Stellt eine Vermutung auf, welcher Reiz euren Körper dazu „zwingt", wieder normal zu atmen. Falls ihr Hilfe benötigt, lest Hilfskarte 1. Notiert eure Vermutung auf dem Arbeitsblatt.

b Versucht, durch verschiedene Atemmuster die Zeit zu verlängern, in der ihr die Luft anhalten könnt. Jeder von euch darf sich eines der beiden Muster (siehe Ende der Aufgabe) aussuchen und dieses auf seinem Arbeitsblatt vermerken. Messt nach der Durchführung des Musters erneut eure Zeit. Notiert diese auf eurem Arbeitsblatt. Kreuzt auch an, ob es für euch insgesamt angenehmer war, die Luft anzuhalten, als ohne das Atemmuster (Experiment Aufgabe 1). Vergleicht eure Beobachtung mit Lösungskarte 2.

Hinweis: Das Experiment kann dazu führen, dass euch schwindelig wird oder leichte Benommenheit auftritt. Beendet das Experiment dann sofort. Führt dieses Experiment nur durch, wenn euer Partner oder eure Partnerin in der Nähe ist und euch im Notfall helfen kann. Das Experiment darf nicht im Wasser durchgeführt werden, da dort Ertrinken droht. Probiert es also nicht selbst im Schwimmbad aus!

Cornelsen
Erarbeitet von: Vivian Haspel;
MINT interdisziplinär unterrichten: Lernstationen für Biologie, Chemie und Sport, 2024
Bildquelle: stock.adobe.com/Sicking/Photoart/Photoart-Sicking

Stationsblatt: Rekorde im Tierreich – Tiefseetaucher

Atemmuster:

a Atme zuerst langsam und tief ein. Atme direkt danach wieder kurz und schnell aus. Wiederhole diese Kombination fünf Mal hintereinander. Hole nach den Wiederholungen einmal tief Luft, um diese danach anzuhalten.

b Atme zuerst kurz und schnell ein. Atme direkt danach wieder lange und langsam aus. Wiederhole diese Kombination fünf Mal hintereinander. Hole nach den Wiederholungen einmal tief Luft, um diese danach anzuhalten.

c Diskutiert die Ursachen dafür, welches Atemmuster mehr Sauerstoff in euer Blut bringt und welches dazu führt, dass mehr Kohlenstoffdioxid ausgeatmet wird. Haltet eure Entscheidung auf eurem Arbeitsblatt fest. Vergleicht euer Ergebnis mit Lösungskarte 3.

d Überprüft eure Vermutung anhand eurer Ergebnisse aus dem letzten Experiment. Welcher Reiz löst den Atemreflex aus? Zu wenig Sauerstoff oder zu viel Kohlenstoffdioxid? Notiert dies auf eurem Arbeitsblatt. Vergleicht euer Ergebnis mit Lösungskarte 4.

Aufgabe 3: Die Tricks der Robben

a Führt erneut einen Versuch durch.
Ihr müsst erneut die Luft (ohne vorheriges Atemmuster!) anhalten. Währenddessen sollt ihr euch aber dieses Mal bewegen. Lauft dazu zum Beispiel schnell auf der Stelle. Messt erneut eure Zeit, in der ihr die Luft anhalten könnt, und notiert sie auf eurem Arbeitsblatt. Kreuzt an, ob sich die Zeit durch Bewegung im Vergleich zum ersten Experiment (Aufgabe 1) verlängert oder verkürzt hat. Vergleicht eure Ergebnisse mit Lösungskarte 5.

b Auf kurzen Tauchgängen bewegen sich Robben sehr viel. Während ihres Schlafs können Robben jedoch so ruhig werden, dass sie teilweise Minuten lang nicht atmen müssen. Schaut euch die nachfolgende Tabelle an. Füllt mit ihrer Hilfe und den Versuchsergebnissen aus Aufgabenteil 3a) den Lückentext auf dem Arbeitsblatt aus. Falls ihr einen Tipp benötigt, seht euch Hilfskarte 2 an. Vergleicht eure Lösung mit Lösungskarte 6.

Aktivität einer Robbe	**Mittlere Stoffwechselrate* (ml(O_2)/(min·kg))**
Ruhen	4,1
Schlafen	3,5
Kurze Tauchgänge	5,0
Lange Tauchgänge	3,4

*Die Stoffwechselrate ist der Sauerstoffverbrauch pro Minute und Kilogramm Körpermasse des Tiers.

Cornelsen

Erarbeitet von: Vivian Haspel;
MINT interdisziplinär unterrichten: Lernstationen für Biologie, Chemie und Sport, 2024

Stationsblatt: Rekorde im Tierreich – Tiefseetaucher

Aufgabe 4:Für Schnelle: Nicht nur Robben können lang und tief tauchen – Der Mensch auch!

Lest Infobox 1.

a Diskutiert gemeinsam, warum es besonders wichtig ist, dass Taucherinnen und Taucher beim Auftauchen nur schrittweise auftauchen und „Ausgleichszeiten“ einlegen. Überlegt dazu auch, was passiert, wenn die Zeit nicht eingehalten wird!

Falls ihr Hilfe braucht, lest Hilfskarte 3.

Vergleicht euer Ergebnis mit Lösungskarte 7.

b Lest Infobox 2. Haltet auf euren Arbeitsblättern in ein bis zwei Sätzen fest, wie der Tiefenrausch und die Taucherkrankheit entstehen. Markiert, welche Bereiche des Körpers geschädigt werden. Kreuzt auch an, welche Krankheit der „sprudelnden Flasche“ entspricht. Wenn ihr dazu einen Tipp braucht, seht euch noch einmal Hilfskarte 3 an. Vergleicht euer Ergebnis mit Lösungskarte 8.

Infoboxen: Rekorde im Tierreich – Tiefseetaucher

Rekorde im Tierreich – Infobox 1: Nicht nur Robben können lang und tief tauchen – Der Mensch auch!

Das Tauchen ohne Hilfsmittel wird Apnoe-Tauchen genannt. Nicht nur Robben, sondern auch Menschen sind dazu in der Lage. Doch die Menschen können trotz Training nicht so lange die Luft anhalten wie die Robben. Mithilfe von Schnorcheln oder Gasflaschen können die Verweildauer unter Wasser und die Tauchtiefe stark vergrößert werden.

Doch auch das Gerätetauchen birgt große Risiken. Der Druck unter der Wasseroberfläche nimmt mit der Tauchtiefe zu und die Lunge wird immer stärker durch den Wasserdruck zusammengepresst (s. Abbildung). Auch die Luft in den Lungen wird komprimiert. Dies geht so lange gut, bis der Druck in der Lunge etwa 4 bar beträgt. Danach treten die Gase in der Lunge durch die dünnen Wände der Lungenbläschen (Alveolen) ins Blut aus. Dort lösen sie sich zunächst vollständig. Sinkt dann der Druck von außen (beim Auftauchen) wieder, kann dieser Prozess zwar wieder rückgängig gemacht werden. Durch die Lungenwand kann aber nur eine bestimmte Menge verschiedener Gase pro Minute ausgetauscht werden. Besonders bei Stickstoff ist dies nur in geringen Mengen möglich. Deshalb ist es von Bedeutung, nach einer bestimmten Auftauchhöhe Ausgleichszeiten einzuhalten.

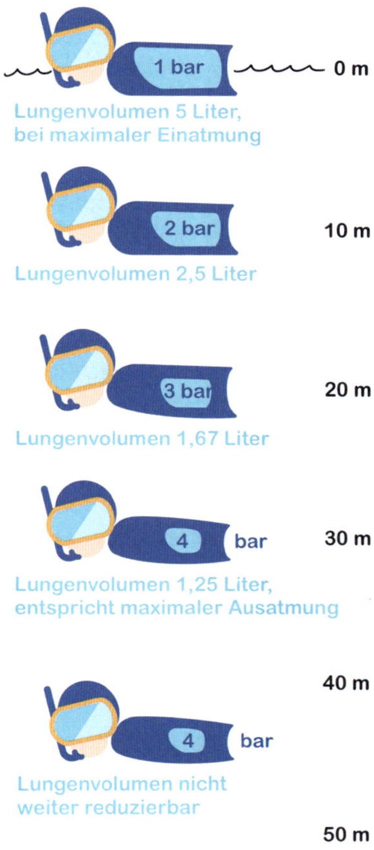

Cornelsen
Erarbeitet von: Vivian Haspel;
MINT interdisziplinär unterrichten: Lernstationen für Biologie, Chemie und Sport, 2024
Illustration: Stella Wolski

Infoboxen: Rekorde im Tierreich – Tiefseetaucher

Rekorde im Tierreich – Infobox 2: Tiefenrausch und Taucherkrankheit

Das Lösen von bestimmten Mengen an Sauerstoff im Blut ist essenziell für das Überleben. Unter hohem Druck (wie er tief unter Wasser vorliegt), lösen sich neben zu viel Sauerstoff jedoch auch andere Gase wie Stickstoff im Blut. Dieser hohe Anteil an gelöstem Stickstoff kann die Nerven schädigen. Als Folge treten Verwirrtheit und Symptome auf, die dem Gefühl des „Betrunkenseins" sehr ähneln. Es handelt sich hierbei um den Tiefenrausch.
Aber auch bei Ausbleiben des Tiefenrauschs birgt das Tauchen Risiken. Taucht die tauchende Person nach einem Tauchgang aus der Tiefe wieder auf, muss sie nach bestimmten Höhen kleine Pausen einlegen. Dies tut sie, um es der Lunge zu ermöglichen genug Gas aus dem Blut zu entlassen. Dabei kann die Lungenwand immer nur eine bestimmte Menge eines bestimmten Gases pro Zeit passieren lassen. Für Stickstoff dauert der Austausch sehr lange. Wird diese Zeit nicht eingehalten und der Druck durch Auftauchen verringert, perlt das Gas im Blut aus. Die Krankheit wird aufgrund der Problematik des nachlassenden Drucks auch „Dekompressionskrankheit" genannt. Die Gasblasen können dann Gewebe und Gefäße schädigen.
Robben entgehen diesem Problem sehr einfach. Sie atmen vor dem Abtauchen stark aus und verringern damit die Gasmenge in ihren Lungen sehr stark. Lediglich geringe Gasmengen in der Luftröhre und anderen Toträumen sind noch unter Wasser vorhanden. Das Gas kann beim Abtauchen nicht mehr komprimiert werden und tritt nicht mehr in die Blutbahn ein.
Dadurch kann weder zu viel Stickstoff im Blut gelöst werden, noch kann es beim Auftauchen ausperlen. Aufgrund des guten Sauerstoffspeichersystems der Muskulatur der Robben geht den Robben trotzdem der Sauerstoff unter Wasser nicht aus. Die Robben haben damit dem Menschen gegenüber einen echten Vorteil.

Hilfskarten: Rekorde im Tierreich – Tiefseetaucher

Rekorde im Tierreich – Hilfskarte 1: Was treibt den Atemreflex an?

Es könnte zwei mögliche Ursachen haben, dass ihr wieder einatmen müsst. Entweder fehlt eurem Körper der Sauerstoff, oder es befindet sich schon zu viel CO_2 in eurer Lunge. Welches von beiden haltet ihr für wahrscheinlicher? Welches Gefühl hattet ihr beim Luftanhalten?

Rekorde im Tierreich – Hilfskarte 2: Die Tricks der Robben

Denkt an eure vorangegangenen Experimente. Ihr konntet die Luft weniger lang anhalten, als ihr euch stark bewegt habt. Wann bewegt sich die Robbe stark? Wie viel Sauerstoff verbrauchen sie dabei? Denkt daran, dass immer, wenn Sauerstoff im Körper verbraucht wird, Kohlenstoffdioxid entsteht.

Rekorde im Tierreich – Hilfskarte 3: Wofür braucht der Taucher die Ausgleichszeit?

Stellt euch vor, euer Körper wäre eine Sprudelflasche. Durch Druck wird Gas in euer Blut (in das Wasser in der Flasche) gebracht. Bei einer Sprudelflasche könnt ihr über den Deckel regulieren, wie viel Druck ihr beim Öffnen aus der Flasche lasst. Vielleicht habt ihr schon einmal den Unterschied festgestellt, wenn ihr den Deckel ganz langsam abschraubt und wenn ihr die Flasche ruckartig öffnet? Das gleiche passiert in eurem Blut, wenn die Lunge nicht genug Zeit erhält, um den Gasdruck eures Bluts langsam zu verringern.

Cornelsen
Erarbeitet von: Vivian Haspel;
MINT interdisziplinär unterrichten: Lernstationen für Biologie, Chemie und Sport, 2024
Illustration: Stella Wolski

6 Reaktionszeit: Wer reagiert schneller?

Maximilian Ernst Neller

6.1 Kurzbeschreibung

Das Reiz-Reaktions-Schema spielt eine große Rolle im Verständnis der neuronalen Erregungsleitung. Dieses Schema soll mit der Messung der eigenen Reaktionsgeschwindigkeit und der Geschwindigkeit von Reflexen näher erläutert werden. Um den Lebensweltbezug herzustellen, wird hierzu die Sportart Handball, bei der eine hohe Reaktionsgeschwindigkeit wichtig ist, als Beispiel verwendet. Angelehnt an den Bildungsplan 2016 des Landes Baden-Württemberg für die Klassenstufen 7 und 8 wird hier der Fokus auf das Reiz-Reaktions-Schema und die Geschwindigkeit der Erregungsleitung gelegt, und überprüft, wie diese erhöht werden kann.

6.2 Rahmenbedingungen

- Zielgruppe: ab 7./8. Klasse
- Anzahl der Schülerinnen und Schüler: 2 je Tablet
- Zeitlicher Rahmen der Station: 25 Minuten
- Räumlichkeiten: Es sollte genug Platz für das Werfen von Bällen sein.
- Material: einfaches Tablet mit Apps zur Aufnahme von Bewegungen und Zeitlupenfunktion (Slow Motion) sowie einer App zum Messen von Reaktionszeiten, zudem einen Taschenrechner, Softball, eine kleine leere Spritzflasche
- Nötige Vorkenntnisse: Eine vorherige Thematisierung des Aufbaus und der Funktion des Nervensystems im Biologieunterricht wäre vorteilhaft, ist aber nicht zwingend erforderlich.
- Digitale Zusatzmaterialien: Arbeitsblätter, Lösungskarten

6.3 Sachanalyse

Diese Station behandelt die koordinativen Fähigkeiten und stellt auf biologischer Seite das Nervensystem in den Vordergrund. Dieses besteht aus zwei unterschiedlichen Zelltypen, den Nervenzellen (Neuronen) und den Geleitzellen (Gliazellen). Die Neuronen leiten die Informationen weiter und besitzen daher neben dem Zellkörper (Soma) eine Fortleitungsstruktur (Axon), über die Signale weitergeleitet werden können (Clauss & Clauss, 2018). Das Axon mündet in die Synapse, an der das Signal an die Dendriten (Fortsätze des Somas) einer anderen Nervenzelle weitergegeben wird. Von den Dendriten gelangt das Signal über das Soma zum Axon und wird wieder an eine andere Nervenzelle (Neuron) weitergeleitet. Durch diese Verschaltung von Neuronen entsteht eine größere funktionale Einheit, das Nervensystem.

Die Aufgabe der Gliazellen ist die Isolierung und Versorgung der Neuronen. Je nach Typ können sie auch Myelin bilden, das als Myelinscheide das Axon umgibt und isoliert. Unterbrochen wird sie regelmäßig von Ranvierschen Schnürringen. Man spricht in diesem Fall von markhaltigen Neuronen, im Gegensatz zu marklosen (Clauss & Clauss, 2018). Markhaltige Neuronen kommen nur bei Wirbeltieren vor. Durch die Isolierung der Myelinscheide springt das Signal bei markhaltigen Neuronen von von einem Ranvierschen Schnürring zum nächsten Ranvierschen Schnürring, wodurch das Signal viel schneller weitergeleitet wird als bei der kontinuierlichen Erregungsleitung an nicht myelinisierten Axonen. Die Geschwindigkeit der Erregungsleitung kann bei nicht myelinisierten Axonen nur durch den Durchmesser des Axons erhöht werden. Je größer der Durchmesser des Axons, desto höher die Geschwindigkeit der Erregungsleitung. Die Dicke senkt den elektrischen Längswiderstand des Axons.

Auf makroskopischer Ebene wird die Funktion der Neuronen und des gesamten Nervensystems darin deutlich, wie der Körper auf Reize reagiert. Eine besondere Rolle kommt dabei den Sinnesorganen, also den Sinneszellen zu. Sie nehmen die Reize auf und leiten sie in Form von Impulsen über die sensorischen Nerven zunächst an das Rückenmark und dann an das Gehirn. Dort werden die Informationen verarbeitet und eine Aktion generiert. Motorische Nerven leiten diese Information dann über das Rückenmark an das Erfolgsorgan weiter. Dort findet eine Reaktion statt (siehe Abbildung 1). Man spricht bei dem gerade beschriebenen Prozess vom Reiz-Reaktions-Schema (vgl. Baur, 2015).

Bei Reflexen, die zum Schutz des Körpers vorhanden sind, erfolgt die Reaktion viel schneller. Hier wird die Information nur an das Rückenmark weitergeleitet, wo sie verarbeitet und eine Aktion generiert wird. Motorische Nerven leiten die Information an das Erfolgsorgan weiter. Das Gehirn wird lediglich durch einen Impuls „informiert", hat mit der eigentlichen Reaktion aber nichts zu tun. Dadurch ist die Informations-Reaktions-Strecke deutlich kürzer und die Reaktion kann schneller erfolgen. Die Antwort auf den Reiz ist durch das Auslassen der Verarbeitung durch das Gehirn aber auch unwillkürlich und vorgegeben.

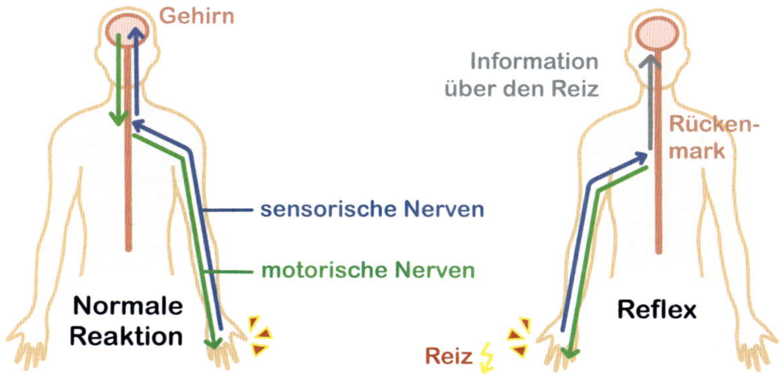

Abbildung 1 **Ablauf einer normalen Reaktion (links) und Ablauf eines Reflexes (rechts). Während bei einer normalen Reaktion die Information des Reizes über das Rückenmark ans Gehirn weitergeleitet wird, woraufhin eine Reaktion generiert wird, geschieht dies bei einem Reflex ohne die Hinzunahme des Gehirns. Dorthin wird lediglich die Information weitergeleitet (eigene Darstellung in Anlehnung an Baur, 2015).**

6.4 Methodisch-didaktische Überlegungen

Bildungsplanbezug am Beispiel Baden-Württembergs

Im Bildungsplan 2016 des Landes Baden-Württemberg für die Klassenstufen 7 und 8 im Fach Biologie wird unter Punkt 3.2.2.4 (Informationssysteme) das Reiz-Reaktions-Schema, und damit auch Sinneszellen und die Erregungsweiterleitung behandelt (Ministerium für Kultus, Jugend und Sport Baden-Württemberg, 2022a). Der qualitative Aspekt der Reaktionsfähigkeit wird also durch den Bildungsplan abgedeckt. Der quantitative Aspekt und Reflexe werden zwar nicht explizit gefordert, dienen aber der Vertiefung der Punkte 3.2.2.4(1) – „das Reiz-Reaktions-Schema an einem Beispiel erläutern" – und 3.2.2.4(2) – „Sinnesorgane ihren adäquaten Reizen zuordnen und die Sinneszelle als Signalwandler beschreiben" (ebd.).

In der Lernstation werden außerdem prozessbezogene Kompetenzen im Bereich der Erkenntnisgewinnung abgedeckt. So wird unter 2.1.5–2.1.10 die Durchführung und Auswertung von Experimenten gefordert (ebd.). Dabei geht es um das Formulieren von Hypothesen und Beobachtungen sowie die Auswertung und Deutung von Beobachtungen. Im Bereich der Kommunikation wird unter 2.2.5 der Zusammenhang zwischen Alltagssituationen und biologischen Sachverhalten herausgestellt, sowie unter 2.2.6 von den Schülerinnen und Schülern die Dokumentation des Verlaufs und der Ergebnisse ihrer Arbeit gefordert (ebd.).

Im Fach Sport werden im Bildungsplan unter 3.2.1.5 das eigene Fitnesstraining (3), der Fitnesszustand (7) und das Auswählen von Fitnessübungen (9) behandelt (Ministerium für Kultus, Jugend und Sport Baden-Württemberg, 2016). Da Reaktionsgeschwindigkeit und Reflexe bei vielen Sportarten wie Handball, Fußball oder Tennis von enormer Bedeutung sind, spielen im eigenen Fitnesszustand auch koordinative Fähigkeiten eine Rolle. Nach Absatz 3.2.1.1 des Lehrplans können diese Sportarten behandelt werden.

Der Bildungsplan im Fach Physik sieht im Themenbereich der Kinematik folgende Kompetenz in den Klassenstufen 7 und 8 vor: „Die Schülerinnen und Schüler können die Quotientenbildung aus Strecke und Zeitspanne bei der Berechnung der Geschwindigkeit erläutern und anwenden $v = \Delta s/\Delta t$“ (Ministerium für Kultus, Jugend und Sport Baden-Württemberg, 2022b, 3.2.6(4)).

Diese Gleichung wenden die Schülerinnen und Schüler in der Lernstation an, um die Geschwindigkeit eines Balls auszurechnen.

Relevanz und Lebensweltbezug

Reaktionsgeschwindigkeit und Reflexe sind für die Schülerinnen und Schüler ein alltägliches Phänomen, über das sie aber vermutlich wenig nachdenken. Will man sich in Sportarten wie Fußball, Tennis oder Handball verbessern, denkt man vermutlich zunächst an Technik-, Taktik- und Ausdauertraining. Dass aber auch die koordinativen Fähigkeiten und damit auch die Reaktion auf Reize eine gewichtige Rolle spielen, soll mit dieser Station deutlich werden. Durch die Verwendung einer App zur Analyse der Reaktionsgeschwindigkeit wird auch das Interesse für neue, digitale Formen der Trainingsanalyse geweckt. Dies muss auch nicht bei der Reaktionsgeschwindigkeit aufhören, sondern kann auch in eine Analyse der Bewegungsformen übergehen, die durch das Aufnehmen und Abspielen in Slow Motion (Zeitlupe) gut sichtbar sind. Es wird somit das Interesse an neuen Trainingsmethoden geweckt.

Neben dem Sport spielen Reaktionsgeschwindigkeit und Reflexe auch im Alltag eine Rolle. Sei es beim Fangen von Gegenständen oder im Straßenverkehr, die Reaktionsgeschwindigkeit spielt eine große, wenn auch nicht immer augenscheinliche Rolle. Das Wissen um die biologischen Hintergründe und die Möglichkeit des Trainings der eigenen koordinativen Fähigkeiten stellen also eine wichtige Stütze für ein allumfassendes Training und für ein Verständnis von Bewegungsabläufen im Alltag dar.

Methodisch-didaktische Umsetzung

Die Schülerinnen und Schüler werden durch das Stationsblatt durch den Versuch geführt. Dieses beginnt mit einem kurzen Einstieg (Handball) und mit der Leitfrage „Wie schafft es der Torwart, so schnell zu reagieren?“. Der Versuch in Aufgabe 1 dient dann zur aktivierenden Darstellung der verschiedenen Reaktionsabläufe und zur Datensammlung. In einem ersten Teil werden zunächst die Reaktionszeiten unter sportnahen Bedingungen mit Bezug auf die Sportart Handball getestet. Es werden ein normaler Wurfpass und ein 7-Meter-Wurf durchgeführt. Steht wenig Platz zur Verfügung, kann die Distanz des 7-Meter-Wurfs auch auf 3 Meter verringert werden. Da man bei den Würfen nicht zwingend davon ausgehen kann, dass ein Reflex ausgelöst wird, weil die Schülerinnen und Schüler zum Beispiel nicht schnell genug werfen können und nicht viel Zeit für Probewürfe zur Verfügung steht, stehen im zweiten Versuchsteil sportunabhängige Versuche an. Für eine normale Reaktion wird hierbei der Reiz eines Lichtsignals verwendet, während für den Reflex der Lidschlussreflex als Beispiel dient. Nach der Auswertung sollten die Schülerinnen und Schüler bemerken, dass der Versuch mit dem Lichtreiz als Modellversuch für einen normalen Wurf steht, während der Lidschlussreflex als Modell für eine reflexartige Reaktion des Handballtorwarts steht. In diesem Teil der Station liegt der Fokus weniger auf den inhaltsbezogenen und mehr auf den prozessbezogenen Kompetenzen. Die Schülerinnen und Schüler sammeln Daten, werten diese unter dem Gesichtspunkt einer Fragestellung aus und nutzen ihre Erkenntnisse, um eine oder mehrere Hypothesen aufzustellen. Da die Hypothesen im Rahmen dieser Station aber nicht anhand eines Experimentes überprüfbar sind (hierfür müsste zum Beispiel die Signalweiterleitung und -verarbeitung im Körper gemessen werden), erfolgt die Klärung der Hypothesen über einen Infotext, wodurch der Fokus auf die inhaltsbezogenen Kompetenzen gelegt wird.

Die Schülerinnen und Schüler werden nun mit dem neurobiologischen Hintergrund der Reaktionsgeschwindigkeit konfrontiert, indem sie zunächst den Ablauf einer Reaktion in ihrem Körper beschreiben sollen. Diese Aufgabe dient dazu, dass die Schülerinnen und Schüler zum Nachdenken über die biologischen Prozesse in Aufgabe 1 angeregt werden. Sie werden dann durch Infobox 1 mit der Theorie vertraut gemacht, und sollen ihre bisherigen Beschreibungen und Hypothesen kritisch überprüfen sowie gegebenenfalls um vorgegebene Begriffe ergänzen. Hierdurch sollen Struktur und Fachbegriffe in die Denk- und Arbeitsweise der Schülerinnen und Schüler gebracht werden. Außerdem dient diese Aufgabe der Sicherung des theoretischen Hintergrundwissens über die Reaktionsgeschwindigkeit. In der nächsten Teilaufgabe soll dann wieder der Wechsel von der theoretischen Ebene zur Lebenswelt der Schülerinnen und Schüler erfolgen, indem gefragt wird, welche biologische Bedeutung Reflexe haben könnten.

Aufgabe 3 dient als Perspektivweiterung und Anwendung des Gelernten. Es werden weitere Sportarten betrachtet, und um den Daten aus Aufgabe 1 etwas mehr Kontext zu geben, soll berechnet werden, wie schnell man einen Ball werfen müsste, damit ein Torwart diesen auf gar keinen Fall halten kann.

Antizipierte Ergebnisse der Schülerinnen und Schüler

In Aufgabe 1 sollen die Schülerinnen und Schüler nach Vergleich der Daten merken, dass die Reaktion bei einem normalen Wurf und die auf einen Lichtreiz, sowie der Lidschlussreflex und die Reaktion auf einen 7-Meter-Wurf, sich ähneln. Sie sollen daraus die Hypothese ableiten, dass es unterschiedliche Reaktionen auf Reize geben kann und diese sich in ihrer Geschwindigkeit unterscheiden. In Aufgabe 2 werden Hintergrundinformationen gegeben, die die Hypothese stützen sollen. Die Schülerinnen und Schüler sollen dabei den Prozess des Reiz-Reaktions-Schemas unter Verwendung von Fachbegriffen korrekt beschreiben und auf das in Aufgabe 1 verwendete Beispiel übertragen. Außerdem sollen sie die biologische Bedeutung hinter den sich unterscheidenden Abläufen erkennen, indem sie weitere Reflexe nennen, wie zum Beispiel den Würgreflex oder den Kniesehnenreflex. In Aufgabe 3 sollen die Schülerinnen und Schüler dann den Bezug zu weiteren Sportarten schaffen und dabei zum Beispiel Fechten oder Tischtennis als Beispiele für Sportarten nennen, in denen eine hohe Reaktionsgeschwindigkeit nötig ist. Sie sollen außerdem mithilfe der Geschwindigkeitsformel berechnen, wie schnell man werfen muss, damit ein Reflex nicht ausreicht um einen Ball zu halten. Die Formel sollte aus dem Physikunterricht bekannt sein und wird zudem auf einer Hilfskarte erklärt.

Mögliche Herausforderungen und entsprechende Förder-/Forderangebote

Die Durchführung des zweiten Versuchs mit dem schnellen Wurf erfordert Kraft und eine hohe Wurfgeschwindigkeit, um einen deutlichen Unterschied in der Reaktionszeit zu sehen. Durch eine verringerte Distanz im Vergleich zu einem 7-Meter-Wurf, die durch Klebeband auf dem Boden auf 2 bis 3 Meter begrenzt sein sollte, kann auf Probleme bei der Durchführung reagiert werden, da bei einer geringeren Distanz weniger Zeit bleibt, zu reagieren, und daher geringere Wurfgeschwindigkeiten ausreichen sollten, um einen Reflex auszulösen. Außerdem werden durch die Versuche 3 und 4 Modellversuche für die beiden Würfe vorgegeben, bei denen der Unterschied in der Reaktionszeit deutlich zu sehen sein sollte.

Bezüglich des theoretischen Hintergrundes liegt eine ausführliche Infobox mit einer Abbildung aus, mit deren Hilfe die Aufgabe gut lösbar sein sollte. Außerdem werden bei der Beschreibung der Mechanismen im Körper die Fachbegriffe vorgegeben, wodurch diese nur noch umschrieben werden müssen. Um die Hypothesenbildung zu fördern, wird nach dem Input des theoretischen Hintergrunds nochmal auf die Hypothesen verwiesen, mit dem Hinweis diese gegebenenfalls anzupassen. Dabei wird die kritische Reflexion und die korrekte Formulierung von Hypothesen gefördert, was für

die Erkenntnisgewinnung beim Experimentieren unerlässlich ist. Da die Hypothesen aber zunächst ohne Hintergrundinformationen gebildet werden sollen, stellt dies auch ein Forderangebot an die leistungsstärkeren Schülerinnen und Schüler dar.
In der letzten Aufgabe muss eine Geschwindigkeit berechnet werden. Da die Schülerinnen und Schüler die Formel dafür aus dem Physikunterricht in Klasse 7/8 kennen sollten, dürfte die Aufgabe kein allzu großes Problem darstellen. Falls die Geschwindigkeit aber noch nicht behandelt wurde oder die Schülerinnen und Schüler sich nicht mehr daran erinnern, liegt eine Hilfskarte bei, auf der die Formel sowie die Umrechnung von m/s auf km/h erklärt wird.

Benötigte Vorkenntnisse und Vertiefungs-/Weiterführungsmöglichkeiten

Für die Station sind keine besonderen Vorkenntnisse nötig, da alle relevanten Informationen durch die Infoboxen bereitgestellt werden. Da das Thema „Informationssysteme“ und damit auch das Reiz-Reaktions-Schema im Bildungsplan steht, wäre es aber von Vorteil, wenn das Thema schon behandelt wurde, da die vorliegende Station dieses Thema weiter vertieft und durch das Behandeln von Reflexen darüber hinausgeht. Prinzipiell ist aber nur biologisches Grundwissen über Zelltypen, Organe usw. aus den Klassen 7 und 8 nötig.

Voraussetzung bezüglich der sportlichen Leistungsfähigkeit ist, dass ein Wurf mit einem Ball schnell genug durchgeführt werden können sollte, um einen Reflex des Torwarts auszulösen. Dieser Wurf stellt aber nur einen kleinen Teil der Station dar.

Da die Station bereits eine Vertiefung der Inhalte aus dem Bildungsplan ist, ist eine weitere Nachbereitung im Biologieunterricht nicht nötig, aufgrund der beschränkten Unterrichtszeit vermutlich auch gar nicht möglich. Im Sportunterricht aber kann das Thema „koordinative Fähigkeiten“ weiter behandelt werden. Neben anderen koordinativen Fähigkeiten wie zum Beispiel Gleichgewicht, Balance und Beweglichkeit, können auch verschiedene Trainingsmethoden behandelt werden, um diese Fähigkeiten zu verbessern.

6.5 Verlaufsplan

Min.	Phase und Ziel	Lehr-Lern-Arrangement	Arbeitsweise (Methoden, Sozialform)	Arbeitstechnik (Material, Medien)
1–2	Einstieg: Motivation und Problemstellung	Leitfrage: Wie schafft der Torhüter es, so schnell zu reagieren?	Einzelarbeit	Stationsblatt
2–10	Durchführung der Versuche	Messung und Berechnung der eigenen Reaktionszeiten bei Würfen, einem Signal einer App und beim Lidschlussreflex	Partnerarbeit	Stationsblatt, Arbeitsblatt, Tablet, Softball, leere Spritzflasche
10–13	Erarbeitungsphase 1	Hypothesenbildung bezüglich der unterschiedlichen Reaktionszeiten der Reflexe und der normalen Reaktionen	Partnerarbeit	Stationsblatt, Arbeitsblatt, Lösungskarte 1
13–20	Erarbeitungsphase 2	Erarbeitung des Reiz-Reaktions-Schemas und Rückgriff auf die im Versuch gemachten Beobachtungen	Partnerarbeit	Stationsblatt, Arbeitsblatt, Infobox 1, Lösungskarte 2
20–25	Erarbeitungsphase 3	Betrachtung anderer Sportarten und der jeweiligen Bedeutung der Reaktionsgeschwindigkeit. Berechnung der Wurfgeschwindigkeit für einen unhaltbaren 7-Meter-Wurf.	Partnerarbeit	Stationsblatt, Arbeitsblatt, Hilfskarte 1, Lösungskarte 3

Literaturverzeichnis

Abitur Biologie BW. (2012).
Abitur 2012 Gymnasium Baden-Württemberg , Biologie – Aufgabe I.

Baur, A. (2015).
Humanbiologie für Lehramtsstudierende. Springer Berlin Heidelberg.

Clauss, W. & Clauss, C. (2018).
Humanbiologie kompakt. Springer Berlin Heidelberg.

Ministerium für Kultus, Jugend und Sport Baden-Württemberg (2022a).
Bildungsplan – Biologie, Überarbeitete Fassung vom 08. März 2022.
http://www.bildungsplaene-bw.de/,Lde/LS/BP2016BW/ALLG/GYM/BIO.V2

Ministerium für Kultus, Jugend und Sport Baden-Württemberg. (2016).
Bildungsplan – Sport. http://www.bildungsplaene-bw.de/,Lde/LS/BP2016BW/ALLG/GYM/SPO

Ministerium für Kultus, Jugend und Sport Baden-Württemberg (2022b).
Bildungsplan – Physik, Überarbeitete Fassung vom 25. März 2022.
https://www.bildungsplaene-bw.de/,Lde/LS/BP2016BW/ALLG/GYM/PH.V2

Stationsblatt: Reaktionszeit – Wer reagiert schneller?

Im Handball sind schnelle Reaktionen gefordert. Ein Wurf aufs Tor kann über 130 km/h schnell sein! Trotzdem landet nicht jeder Treffer im Netz, sondern wird von der Torhüterin oder dem Torhüter „reflexartig“ gehalten. Wie ist das möglich?

Aufgabe 1: Wie schnell kannst du reagieren?

Nun seid ihr an der Reihe! In dieser Aufgabe testet ihr, wie schnell ihr auf verschiedene Würfe reagiert. Anschließend macht ihr einen standardisierten Test, um eure Reaktionszeit zu testen und euch in die Bestenliste einzutragen.

Öffnet auf dem Tablet eine App mit Zeitlupenfunktion.

Bildet Zweiergruppen. Von einer Person werden im Folgenden die Reaktionszeiten gemessen, während die andere die Würfe ausführt und filmt. Nutzt dazu ein Stativ oder stellt das Tablet so hin, dass es euch beide filmt.

a Messt die Reaktionsgeschwindigkeit bei einem normalen/langsamen Pass. Werfe den Ball also so zur Versuchsperson, dass diese ihn ohne Probleme fangen kann. Notiert auf dem Arbeitsblatt den Zeitpunkt, an dem der Ball die Hand verlässt, und den Zeitpunkt der ersten sichtbaren Reaktion der Versuchsperson.

b Nun simuliert ihr einen 7-Meter-Wurf, beziehungsweise in unserem Fall einen 3-Meter-Wurf. Stellt euch dafür fünf Schritte voneinander entfernt auf. Achtet darauf, dass weitere fünf Schritte Sicherheitsabstand zwischen euch und anderen Gruppenmitgliedern sind. Das heißt, dass der Ball mit voller Kraft geworfen werden muss und die Versuchsperson nur noch reflexartig reagieren kann. Ziele dabei aber NICHT auf die Person selbst, sondern etwas daneben. Ziele auch nicht auf Kopfhöhe! Es geht bei diesem Versuch nicht darum, den Ball zu fangen, sondern lediglich darum, eine schnelle Reaktion hervorzurufen. Notiert auf dem Arbeitsblatt den Zeitpunkt, an dem der Ball die Hand verlässt, und den Zeitpunkt der ersten sichtbaren Reaktion der Versuchsperson.

c Führt nun einen standardisierten Test mit einer App zur Messung eurer Reaktionszeit durch. Auf ein Signal der App hin drückt dazu dieselbe Versuchsperson wie bei a) und b) auf den Bildschirm. Notiert euch direkt die Reaktionszeit.

Cornelsen
Erarbeitet von: Maximilian Ernst Neller;
MINT interdisziplinär unterrichten: Lernstationen für Biologie, Chemie und Sport, 2024
Bildquelle: Shutterstock.com/Ivica Drusany

Stationsblatt: Reaktionszeit – Wer reagiert schneller?

d Testet nun die Reaktionszeit des Lidschlusses eurer Augen. Pustet dazu mit der leeren Spritzflasche etwas Luft in Richtung der Augen der Versuchsperson. Seid dabei vorsichtig und haltet 10 cm Abstand zwischen Spritzflasche und Auge. Notiert euch den Zeitpunkt des Luftstoßes (wenn die Flasche gedrückt wird) und der ersten Reaktion des Auges. Bei diesem Versuch ist es sinnvoll, die Frontkamera zu benutzen.

e Berechnet nun für jede Teilaufgabe die Reaktionszeit mithilfe der nachfolgenden Formel:

Reaktionszeit = Zeitpunkt Reaktion – Zeitpunkt Reiz

f Wenn ihr möchtet, könnt ihr eure schnellste Reaktionszeit aus Teilaufgabe c) und d) in die Bestenliste eintragen (nur Vorname).

g Vergleicht den Wert aus Teilaufgabe a) mit dem aus c), sowie b) mit d). Was fällt euch bei den Werten auf? Stellt eine (oder mehrere) Hypothese(n) auf, die die verschiedenen Reaktionszeiten in den Teilaufgaben a) bis d) erklären könnten.

Aufgabe 2: Das Reiz-Reaktions-Schema

a Notiert auf dem Arbeitsblatt eure Vermutung, was in eurem Körper abläuft, wenn eure Augen den Wurf als Reiz wahrnehmen.

b Lest Infobox 1 und beschreibt dann auf dem Arbeitsblatt den Ablauf im Körper, indem ihr folgende Fachbegriffe benutzt: Reiz, Sinneszellen, Rückenmark, Gehirn, sensorische Nerven, motorische Nerven, Reflex, normale Reaktion. Unterscheidet dabei eine normale Reaktion von einer reflexartigen Reaktion.

c Überprüft nun eure Hypothese(n) aus Teilaufgabe 1g) und verbessert sie gegebenenfalls.

d Welche biologische Bedeutung könnten Reflexe haben? Nennt Situationen, aus denen die Bedeutung der Reflexe für den Menschen hervorgeht.

Aufgabe 3: Reaktionsgeschwindigkeit im Sport

a Nennt eine weitere Sportart, in der eine hohe Reaktionsgeschwindigkeit noch wichtig sein kann, und erläutert die Bedeutung der Reaktionsgeschwindigkeit für diese Sportart.

b Berechnet, wie schnell ihr einen Ball aus 7 Metern werfen müsstet, dass nicht mal ein Reflex der Torhüterin oder des Torhüters (Reaktionszeit 0,10 s + Fangbewegung 0,15 s) ausreicht, um ihn zu halten. Gebt das Ergebnis auch in km/h an. Gute Handballerinnen und Handballer werfen etwa 90 km/h schnell. Falls ihr Hilfe braucht, lest Hilfskarte 1. Hinweis: Ihr könnt einen Taschenrechner oder eine entsprechende App nutzen.

c Die schnellsten bisher gemessenen Handballwürfe liegen bei über 130 km/h und sind damit schneller als die Reaktionszeit eines Reflexes. Stelle eine Hypothese auf, weshalb solche Würfe trotzdem nicht immer zu einem Tor führen beziehungsweise oft gar nicht erst versucht werden.

Infobox und Hilfskarte: Reaktionszeit – Wer reagiert schneller?

Reaktionszeit – Infobox 1: Das Reiz-Reaktions-Schema

Nehmen die Sinneszellen einen Reiz wahr, zum Beispiel eine Berührung an der Hand oder ein bestimmtes Bild, das von den Augen wahrgenommen wird, so wird diese Information über die sensorischen Nervenzellen zunächst an das Rückenmark und dann an das Gehirn weitergeleitet, wo sie verarbeitet werden. Die Information über die auszuführende Aktion wird dann über motorische Nerven über das Rückenmark an das Zielorgan weitergeleitet. Dort findet eine Reaktion statt, zum Beispiel wird die Hand zum Schutz hochgehalten. Man spricht vom Reiz-Reaktions-Schema.
Bei Reflexen erfolgt die Reaktion auf den Reiz viel schneller. Das liegt daran, dass das Gehirn zunächst ausgelassen wird. Die Information wird direkt im Rückenmark verarbeitet, während das Gehirn lediglich über die Reaktion informiert wird. Die Strecke ist dadurch kürzer. Die Antwort auf den Reiz ist durch das Auslassen der Verarbeitung durch das Gehirn schneller, aber auch unwillkürlich.

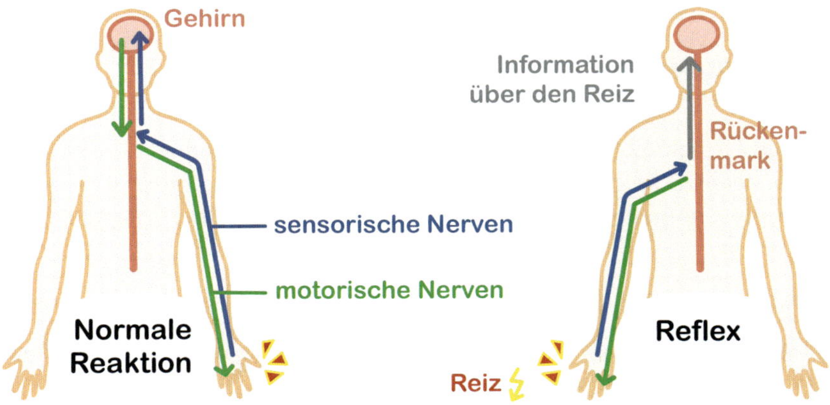

Abbildung 1 Reiz-Reaktions-Schema bei einer normalen Reaktion (links) und bei einem Reflex (rechts) (eigene Darstellung in Anlehnung an Baur, 2015).

Reaktionszeit – Hilfskarte 1: Berechnung von Geschwindigkeiten

Die Geschwindigkeit einer Bewegung wird berechnet, indem man die zurückgelegte Strecke durch die dafür benötigte Zeit teilt. Die Formel lautet also:

$$\text{Geschwindigkeit} = \frac{\text{Strecke}}{\text{Zeit}}$$

Bei der Umrechnung von $\frac{m}{s}$ in $\frac{km}{h}$ muss man bedenken, dass eine Stunde 60 · 60 Sekunden, also 3600 Sekunden hat, und ein Kilometer 1000 Meter enthält. 1 $\frac{km}{h}$ ist also gleich

$$\frac{1000\,m}{3600\,s} = \frac{1000}{3600} \cdot \frac{m}{s} = \frac{1}{3{,}6}\frac{m}{s}.$$

7 Alles im Gleichgewicht?

Vivian Haspel

7.1 Kurzbeschreibung

Es ist den Schülerinnen und Schülern bekannt, dass es einen Gleichgewichtssinn gibt. Aber nur selten wird der sich im Innenohr befindliche Vestibularapparat explizit angesprochen. Ziel dieser Station soll es daher sein, den Schülerinnen und Schülern den Gleichgewichtssinn und die mit ihm verbundenen Sinnesorgane näherzubringen. Dazu sollen nicht nur die Bogengänge des Innenohrs, sondern auch die Augen als wichtiger Teil des Gleichgewichtssinns thematisiert werden. Mithilfe eines Experiments zur Augen-Innenohr-Koordination lernen die Schülerinnen und Schüler den Gleichgewichtssinn mit verschiedenen Methoden kennen.

7.2 Rahmenbedingungen

- Zielgruppe: 7./8. Klasse
- Anzahl der Schülerinnen und Schüler je Lernstation: 2–3
- Zeitlicher Rahmen der Station: 25–35 Minuten
- Räumlichkeiten: keine besonderen Anforderungen, nur geringer Platzbedarf
- Material: Drehstuhl
- Nötige Vorkenntnisse: Wissen, dass die Weitergabe von Informationen im Körper möglich ist und unwillkürliche Prozesse existieren. Keine genauen Kenntnisse von Reiz-Reaktions-Schemata nötig, aber hilfreich.
- Digitale Zusatzmaterialien: Arbeitsblätter, Lösungskarten

7.3 Sachanalyse

Verortung des Gleichgewichts- und Rotationssinns

Der Gleichgewichtssinn des Menschen befindet sich hauptsächlich im Labyrinth des Innenohrs (Clauss & Clauss, 2018). Dabei muss zwischen dem Gleichgewichtssinn und dem Rotationssinn unterschieden werden. Beide werden durch den Vestibularapparat des Labyrinths im Innenohr abgedeckt. Der Gleichgewichtssinn ist für die Wahrnehmung von linearen Beschleunigungen, wie zum Beispiel der Erdanziehung, verantwortlich (Müller, Frings & Möhrlen, 2019) . Aber auch die Bewegung in der Horizontalen wird von ihm erkannt. Der Gleichgewichtssinn erkennt somit sowohl die Bewegung durch den Raum als auch die Lage im Raum. Der Rotationssinn nimmt Winkelbeschleunigungen wahr; Drehungen des Kopfes um die drei Raumachsen werden wahrgenommen. Der Rotationssinn ist ein reiner Bewegungssinn.

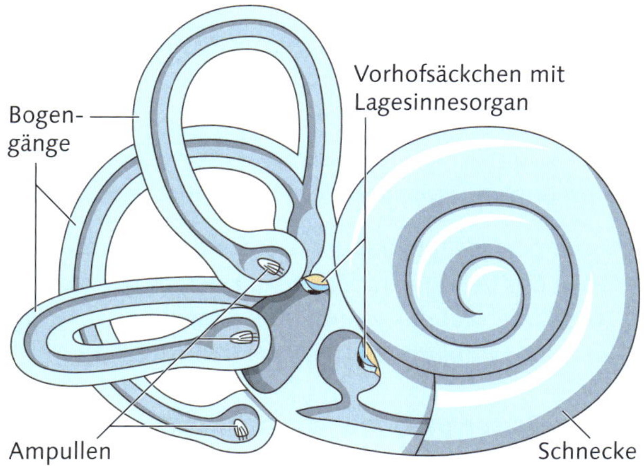

Abbildung 1 Übersichtszeichnung des Labyrinths

Das Labyrinth im Innenohr besteht aus der Cochlea (Schnecke), die für das Gehör verantwortlich ist, und dem Vestibularapparat (Gleichgewichtsorgan) (Müller, Frings & Möhrlen, 2019) . Der Vestibularapparat teilt sich wiederum in die drei Bogengänge und die Maculaorgane (Vorhofsäckchen) auf (s. Abb. 1). Die für den Rotationssinn wichtigen Bogengänge sind drei häutige, mit Endolymphe gefüllte Räume. Sie sind über die Perilymphe mit dem Schädelknochen verbunden. Die Macularorgane übernehmen die Ermittlung der horizontal und vertikal auf den Körper einwirkenden Beschleunigungen. Es wird zwischen den im Labyrinth horizontal gelagerten Maculae der Utrikel und den senkrecht gelagerten Maculae der Sacculi unterschieden.
Im Folgenden werden nur der Rotationssinn und die damit verbundenen Bogengänge weiter betrachtet.

Funktion und Aufbau der Bogengänge

Um die Drehung um alle drei Raumachsen wahrnehmen zu können, stehen die Bogengänge senkrecht zueinander (Müller, Frings, & Möhrlen, 2019). Bei der Drehung des Kopfes fließt die in den Bogengängen befindliche Endolymphe durch den Bogengang. Dieses Fließen wird durch die Trägheit der Endolymphe ermöglicht. Somit entsteht ein Strom der Endolymphe relativ zu den an der knöchernen Schädeldecke befestigten und mit der Kopfdrehung bewegten Bogengängen. Neben der Endolymphe beinhalten die Bogengänge Sensoren, die die Bewegung der Endolymphe wahrnehmen können. Diese sogenannten Ampullen befinden sich in der Nähe des Übergangs der Bogengänge zur Cochlea (s. Abb. 1). In die Ampullen ragen die Cristae (Masten mit Haarsinneszellen) hinein. Zur Verstärkung des Strömungssignals der Endolymphe werden die Ampullen von einer Gallertmasse, der Cupula, umgeben. Diese ist fest mit den Ampullen und der Bogengangshaut verbunden. Sie wird durch die Strömung der Endolymphe in Strömungsrichtung „gebogen" (s. Abb. 2 rechts). Durch die Bewegung der Cupula werden die Härchen der Haarsinneszellen ausgelenkt (s. Abb. 2 rechts). Die auf den Masten der Ampullen befindlichen Haarsinneszellen können durch Auslenkung ihrer Härchen Aktionspotenziale generieren. Diese Signale werden durch den Bogengangsnerv an das Gehirn weitergegeben. Dort wird das Signal verarbeitet. Neben dem Vestibularapparat tragen auch der Sehsinn und afferente Signale der Muskulatur sowie der Haut zum Gleichgewicht bei.

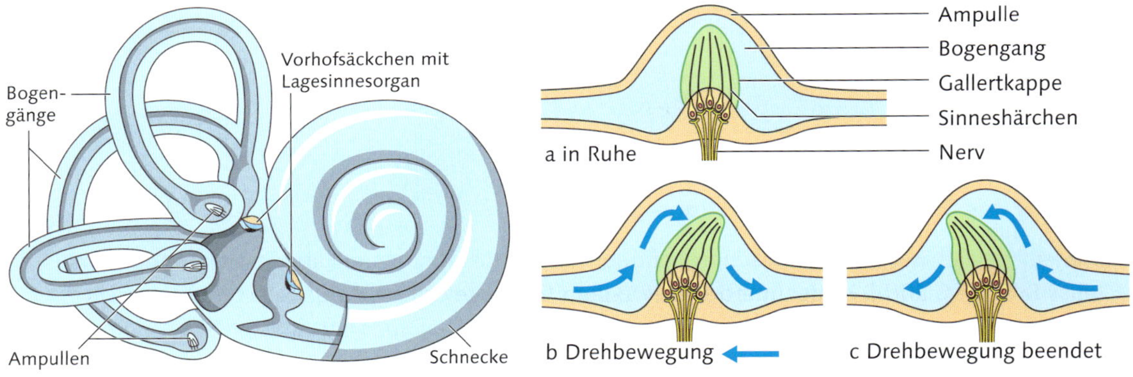

Abbildung 2 Gleichgewichtorgan im Ohr

Zusammenspiel zwischen dem Vestibularapparat und dem Auge

Nicht nur der Vestibularapparat ist für das Gefühl des Gleichgewichts erforderlich. Auch das Zusammenspiel des Vestibularapparats mit dem Auge ist von großer Bedeutung. Dreht sich der Kopf, wird das Auge aufgrund des vestibulookulären Reflexes entgegen der Drehung bewegt, um das Bild auf der Retina zu stabilisieren (Frings & Müller, 2019).

Wird eine Person passiv bewegt, beispielsweise durch ein Fahrzeug, und sieht aus dem Fenster, fixiert ihr Auge automatisch und von der Person unbemerkt ein Objekt, das sich aus ihrem Blickfeld heraus bewegt. Der Blick folgt dem Objekt, bis dieses nicht mehr sichtbar ist. Anschließend springt das Auge schnell zurück in die Ausgangslage und fixiert ein neues Objekt (Müller, Frings & Möhrlen,

2019). Es passiert auch, wenn man versucht, das nicht zu tun. Man selbst kann es nicht wahrnehmen, es ist jedoch sichtbar, wenn man das Auge in dieser Situation filmt. Es sind nur kleine minimale Zuckungen. Dieser Prozess wird optokinetischer Nystagmus genannt. Er findet beispielsweise statt, wenn man bei der Zugfahrt aus dem Fenster schaut. Ausgelöst wird die Bewegung durch die Bildverschiebung auf der Retina. Das Gehirn versucht ein Bild auf der Retina möglichst lange in Ruhe zu behalten und kompensiert die Verschiebung des Bildes durch die Bewegung des Augapfels. Wird das Auge willkürlich durch den Menschen bewegt und so aktiv eine Verschiebung des Retinabildes hervorgerufen, kann der Nystagmus unterbrochen werden, da das Gehirn die Bewegung des Augapfels als willkürlich betrachtet und dadurch zulässt.

Kommt zusätzlich zur Bewegung eines Bildes ein Signal des Rotationssinns über eine passive Drehung des Kopfes hinzu, spricht man vom vestibularen Nystagmus (Müller, Frings & Möhrlen, 2019). Passiv findet die Drehung statt, wenn nicht wie im willkürlichen Fall der Kopf durch die eigene Muskulatur bewegt wird. Eher handelt es sich um eine Drehung, bei der der Kopf in seiner Ausgangslage relativ zur Position des Körpers verweilt, zum Beispiel bei der Drehung auf einem Karussell oder Drehstuhl. Das visuelle Auswertungssystem verarbeitet die Information des Vestibularapparats, die die Drehrichtung enthält. Das Gehirn sendet Signale an die Augenmuskulatur, den Blick entgegen der Drehung zu bewegen um einer Verschiebung des Retinabildes entgegenzuwirken. Die Kompensation der Verschiebung funktioniert dabei nur bis zu einer gewissen Drehgeschwindigkeit. Ab dieser Drehgeschwindigkeit sieht der Mensch verschwommen. Da der Befehl für die Augenbewegung vom Vestibularapparat herrührt, werden die Augäpfel solange bewegt, bis keine Information von den Ampullen mehr im visuellen System ankommt. Dies ist der Zeitpunkt, bei dem die Endolymphe und die Bogengänge dieselbe Geschwindigkeit erreicht haben. Dabei ist es irrelevant, ob die Augen geschlossen oder geöffnet sind. Wird die Drehung abrupt gestoppt, strömt die Endolymphe aufgrund ihrer höheren Trägheit erneut durch die Bogengänge. Es wird erneut das Signal der Drehung an die Augen gegeben. Die Augen versuchen diese scheinbare Drehung durch entgegengerichtetes Drehen auszugleichen. Für die betroffene Person scheint sich die Welt um sie herum zu drehen. Dieses Gefühl wird allgemein als Schwindel bezeichnet. Der Schwindel stoppt, sobald die Strömung der Endolymphe in den Bogengängen stoppt.

7.4 Methodisch-didaktische Überlegungen

Bildungsplanbezug am Beispiel Baden-Württembergs

Im Bildungsplan des Fachbereichs Sport werden die Fähigkeiten des dynamischen und des statischen Gleichgewichts schon in Klasse 5 und 6 des Themenbereichs „Bewegen an Geräten" beschrieben (Ministerium für Kultus, Jugend und Sport, 2016a, 3.1.1.3). Dieser Themenbereich wird in Klasse 9 und 10 erneut aufgegriffen, wobei die Erfahrung des Gleichgewichts auch hier eine Rolle spielt. In Klasse 5 und 6 kann außerdem der Wahlpflichtbereich „Fahren, Rollen, Gleiten" das Gleichgewicht stärken. Zu allen drei Zeitpunkten wird der Gleichgewichtssinn im Bereich der prozessbezogenen Kompetenz „Bewegungskompetenz" im Sinne der Anwendung koordinativer Fähigkeiten und technischer Fertigkeiten geschult (ebd., 2.1(2)).

Der Bildungsplan 2016 von Baden-Württemberg sieht die erste konkrete Thematisierung der Sinnesorgane im Rahmen des Biologieunterrichts der 7. und 8. Klasse vor (Ministerium für Kultus, Jugend und Sport, 2022a). Innerhalb des Themengebiets Humanbiologie (ebd., 3.2.2) und der Untereinheit Informationssysteme (ebd., 3.2.2.4) werden Reiz-Reaktions-Schemata genauer betrachtet (ebd., 3.2.2.4(1)). Auch sollen bestimmte Reize den Sinnesorganen zugeordnet werden können (ebd., 3.2.2.4(2)). In diesem Ziel ist zusätzlich festgehalten, dass Sinneszellen als Signalwandler beschrieben werden können sollen. Ein expliziter Hinweis auf das Gleichgewichtssystem ist in beiden Zielen nicht enthalten. Das Innenohr und der darin enthaltene Vestibularapparat ist daher eine Ergänzung zu den inhaltlichen Zielen des Bildungsplans. Dabei werden die Bogengänge als Umwandler von Drehbeschleunigung in für das Gehirn verwertbare Signale angesprochen. Zusätzlich werden in dieser Station Sinnesorgane miteinander vernetzt, was eine Erweiterung der Ziele des Bildungsplans darstellt.

Im Rahmen des Nervensystems werden die Sinnesorgane in der Kursstufe erneut thematisiert (Ministerium für Kultus, Jugend und Sport Baden-Württemberg, 2022a, 3.4.5 und. 3.5.5). Jedoch wird auch hier der Gleichgewichtssinn nicht explizit erwähnt.
Weiterhin erfahren die Schülerinnen und Schüler den Einfluss der Trägheit der Endolymphe auf das Gleichgewicht. Im Bildungsplan des Fachs Physik wird das Trägheitsprinzip im Bereich der Mechanik in den Klassenstufen 7 und 8 thematisiert (Ministerium für Kultus, Jugend und Sport Baden-Württemberg, 2022b, 3.2.7(1)). Bei der Bearbeitung dieser Station erleben die Schülerinnen und Schüler das Trägheitsprinzip in einem für sie bekannten Phänomen und nutzen es, um die Vorgänge bei einer Drehbewegung zu verstehen.

Relevanz und Lebensweltbezug

Der Gleichgewichtssinn ist allgegenwärtig. Ohne ihn könnte der Mensch weder sitzen noch stehen. Das ist den Schülerinnen und Schülern nur allzu selten bewusst. Viele ihrer Freizeitbeschäftigungen, wie das Rennen im Freizeitsport oder das schnelle Drehen beim Tanzen, hängen mit dem Gleichgewichtssinn zusammen und könnten ohne ihn nicht durchgeführt werden. Auch kennen die Schülerinnen und Schüler das Gefühl des Schwindels bei zu schnellem Drehen um die eigene Körperachse. Dieser Alltagsbezug in der Station soll sowohl Kinder, die viel Sport ausüben, als auch Kinder, die eher wenig Sport treiben, motivieren, sich mit dem Gleichgewichtssinn auseinanderzusetzen. Es könnte für sie interessant sein, die Ursachen des Schwindels zu kennen. Zusätzlich ist vielen Schülerinnen und Schülern nicht bewusst, dass der Gleichgewichtssinn existiert. Kaum eine Schülerin oder ein Schüler würde den Gleichgewichtssinn aufzählen, wenn man ihn oder sie nach den ihm oder ihr bekannten Sinnen fragt. Der Gleichgewichtssinn scheint bekannt zu sein, aber nicht wirklich bewusst wahrgenommen zu werden. Das Hören, Sehen, Riechen und Schmecken können Schülerinnen und Schüler bewusst Organen zuordnen. Dass der Gleichgewichtssinn aber ebenso von Sinnesorganen abgedeckt wird, die eigentlich für andere Sinne bekannt sind (das Ohr für das Hören und das Auge für das Sehen) ist den Schülerinnen und Schülern meist unbekannt. Somit stärkt die Station das Gefühl der Lernenden für ihren eigenen Körper.

Methodisch-didaktische Umsetzung

Die Station ist von Schülerinnen und Schüler ohne Hilfe durch eine Lehrkraft durchführbar. Die Einleitung über das Bild des Tänzers soll die Kinder aktivieren und eine Problemstellung aufwerfen. Dazu wurde bewusst ein männlicher Tänzer gewählt, um der Stereotypisierung der Ballerina entgegenzuwirken. Bei den Schülerinnen und Schülern soll über die offen gestellte Eingangsfrage Neugierde geweckt werden. Wahrscheinlich haben sich die Schülerinnen und Schüler bis zur Bearbeitung der Station selten die Frage gestellt, was der Gleichgewichtssinn ist und wo im Körper er liegt.

Zur Motivation sollen die Schülerinnen und Schüler mit einem Experiment starten. Drehungen um die eigene Achse können von den meisten Schülerinnen und Schülern ohne Probleme durchgeführt werden. Anschließend sollen sich die Schülerinnen und Schüler Gedanken darüber machen, welche Körperbereiche von der Drehung am stärksten beeinflusst waren. Falls sie bereits andere Stationen durchlaufen haben, die etwas mit dem Gleichgewichtssinn zu tun hatten, können sie hier ihr Vorwissen aktivieren. Von den zur Auswahl gestellten Körperteilen werden im Nachhinein nur das Innenohr und das Auge weiter besprochen, da eine Betrachtung aller beteiligten Körperfunktionen den zeitlichen Rahmen überschreiten würde. Auch sind Körperteile aufgeführt, die für die Beantwortung der Aufgabe falsch sind, um der Station keine Lösung vorwegzunehmen.

Durch die zweite Aufgabe werden die Schülerinnen und Schüler angeregt, sich über die Möglichkeiten einer Drehung im Raum Gedanken zu machen. Um einen Grundstein für die weitere Bearbeitung zu legen, werden die Schülerinnen und Schüler mit den Begriffen „Drehbeschleunigung“ und „Rotationssinn“ konfrontiert. Auf eine Erwähnung des eigentlichen Gleichgewichtssinns (lineare Beschleunigung/Erdanziehung) wird hierbei nicht weiter verwiesen, da dieser in einer weiteren Station behandelt werden kann. Um den Aufbau des Vestibularapparats kennenzulernen, sollen die Schülerinnen und Schüler sich zunächst mithilfe eines Texts informieren. Ein Text wurde gewählt, da der Aufbau komplex wirken kann und der Text den Aufbau kurz zusammenfasst. Eine Skizze des Vestibularapparats soll die Schülerinnen und Schüler in ihrem Verständnis unterstützen. Zur Sicherung des Wissens sollen die Schülerinnen und Schüler Textbausteine in der Reihenfolge anordnen, in der die Signalgenerierung in den Bogengängen stattfindet. Der Bereich des Neuordnens wurde gewählt, um das durch den Text erworbene Wissen zu festigen. Auf eine vollständige schriftliche Erklärung wurde verzichtet, da diese zu viel Zeit in Anspruch nehmen und einem höheren Schwierigkeitsgrad entsprechen würde. Ein zu hoher Schwierigkeitsgrad ist aber zu Anfang einer solchen Station nicht wünschenswert, da er demotivierend sein kann. Das Einzeichnen der Drehrichtungen in das Bild des Kopfes soll den Schülerinnen und Schülern die räumliche Vorstellung vereinfachen, indem sie selbst ihren eigenen Kopf zur Lösungsfindung drehen. Dadurch wird ein Form-Funktions-Zusammenhang zwischen der Anordnung der Bogengänge und der Funktion der Drehrichtungswahrnehmung geknüpft.

Zur Verdeutlichung, dass das Gefühl des Gleichgewichts nicht allein vom Vestibularapparat abhängt, sollen die Schülerinnen und Schüler zunächst ein einführendes, angeleitetes Experiment durchführen. Dabei sollen sie ihre Beobachtungen festhalten.

Das Experiment verdeutlicht einen Schritt der naturwissenschaftlichen Arbeitsweise, indem es die Durchführung, die Beobachtung und abschließend in einer neuen Aufgabe die Erklärung abdeckt. Um eine Erklärung zu finden, sollen die Schülerinnen und Schüler die erste Infobox, ihre Beobachtung und den Aufgabentext verwenden. Ein Lückentext soll es den Schülerinnen und Schülern erleichtern, die Komplexität des Nystagmus zu verstehen. Zwar entsteht die eigentliche Erklärung nicht durch den Schüler oder die Schülerin selbst, jedoch wird über den Lückentext eine Kombination der einzelnen bis dahin behandelten Teilbereiche bewirkt. Einen ähnlichen Prozess durchlaufen Wissenschaftlerinnen und Wissenschaftler, die für eine Erklärung viele Einzelheiten zu einem Gesamtbild zusammenfügen.

Die letzte Aufgabe soll die Schülerinnen und Schüler dazu animieren, noch einmal das Erlernte dieser Station zusammenzufassen. Auch sollen sie hier ihre anfangs formulierten Vermutungen über den Sitz des Gleichgewichtssinns bestätigen oder verwerfen. Eine Infobox wird dazu eingesetzt, um den Schülerinnen und Schülern noch weitere Körperbereiche zeigen zu können, die nicht im Umfang einer Station abgedeckt werden konnten.

Antizipierte Ergebnisse der Schülerinnen und Schüler

Den Schülerinnen und Schülern soll im Eingangsexperiment auffallen, dass viele Körperteile benötigt werden, um das Gleichgewicht zu halten. Dabei wird nicht erwartet, dass sie direkt auf das Innenohr oder weitere beteiligte Organe stoßen. Mögliches Vorwissen soll hier aktiviert werden. Nach dem Lesen der ersten Infobox sollen die Schülerinnen und Schüler die Reihenfolge der Schritte der Signalentstehung in den Ampullen richtig anordnen können. Sie sollen zusätzlich die drei Raumachsen erkennen können.

Das Experiment am Spiegel soll als Übung für das Experiment mit dem Drehstuhl dienen. Zusätzlich soll den Schülerinnen und Schülern auffallen, dass es einen Zusammenhang zwischen der Drehung und der Augenbewegung geben muss. Der Begriff des vestibulookulären Reflexes wird ihnen als Erklärung vorgegeben, soll aber noch einmal zur Sicherung festgehalten werden.

Bei der Durchführung des Experiments mit dem Drehstuhl sollte den Schülerinnen und Schülern der Nystagmus auffallen, der bei und nach der Drehung sowohl bei offenen, als auch bei geschlossenen Augen auftritt. Die Schülerinnen und Schüler sollen das erworbene Wissen der Station durch das Ausfüllen des Lückentextes zusammenfassen können. Abschließend sollen die Schülerinnen und Schüler eine Zusammenfassung der am Gleichgewichtssinn beteiligten Körperbereiche mit nach Hause nehmen können.

Mögliche Herausforderungen und entsprechende Förder-/Forderangebote

Die Schülerinnen und Schüler könnten beim Drehen um die eigene Achse Probleme mit dem Gleichgewicht haben. Es könnten Übelkeit oder Schwindel auftreten. Gerade zwischen diesen beiden Symptomen des Gleichgewichtsverlusts könnte es Schülerinnen und Schüler schwer fallen zu unterscheiden. Schwindel ist dafür verantwortlich, dass das Gleichgewicht verloren geht, da das Auge falsche Informationen an das Gehirn weitergibt. Die Übelkeit ist dann die Folge daraus. Für viele Schülerinnen und Schüler ist jedoch Übelkeit und Schwindel nicht klar voneinander trennbar und so wird eventuell nicht erkannt, dass das Auge am Gleichgewicht beteiligt ist und nicht nur von den Folgen des Gleichgewichtsverlusts betroffen ist, wie der Magen. Das Verständnisproblem wird in Aufgabe 4 gelöst, da eine Erklärung für die Übelkeit gegeben wird.

Schülerinnen und Schüler, denen die Drehung nicht möglich ist (zum Beispiel, weil sie wissen, dass ihnen schnell übel wird), können die beobachtende Rolle einnehmen. Auch ist es ihnen möglich, das Experiment vor dem Spiegel durchzuführen, da dazu nur der Kopf und nicht der ganze Körper verdreht wird.

Des Weiteren wäre es möglich, dass die Schülerinnen und Schüler sich schon zu Beginn der Station so stark drehen, dass ihnen übel wird. So könnten sie das Experiment mit dem Drehstuhl nicht mehr durchführen. Um dem entgegenzuwirken, wurde zwischen den Experimenten die Zeit, die zur Durchführung eines weiteren Experiments und zur Aufgabenbearbeitung benötigt wird, lang genug gewählt.
Um sich die Lage der Bogengänge im Kopf vorstellen zu können, braucht es viel räumliches Vorstellungsvermögen. Die Erklärungen dazu sollen den Schülerinnen und Schülern helfen, eine Vorstellung davon zu bekommen. Die Überlegung, wie die Bewegungen durchgeführt werden müssen, könnte aufgrund des Vorstellungsproblems schwierig sein. Eine Lösungskarte soll dazu dienen, dass die Schülerinnen und Schüler ihre Ideen überprüfen und die Drehungen einmal selbst durchführen können.

Da es nicht jeder Schülerin und jedem Schüler sein könnte, auf was beim Experiment am Spiegel geachtet werden muss, wird eine Lösungskarte angeboten.

Im Experiment mit dem Drehstuhl könnte es den Schülerinnen und Schülern schwer fallen auf die Augen der gedrehten Person zu achten. Falls die Schülerinnen und Schüler zu langsam oder ungleichmäßig am Stuhl drehen, tritt der Effekt des Nystagmus nicht auf und die Schülerinnen und Schüler können keine Veränderung des Blicks beobachten. Auch wenn die gedrehte Person den Kopf aktiv bei der Drehung mitbewegt, kommt es zu einer Veränderung der Wahrnehmung durch die gedrehte Person.

Das Verständnis des Nystagmus könnte den Schülerinnen und Schülern schwerfallen. Es handelt sich um eine unwillkürliche Augenbewegung. Unwillkürliche Prozesse im Körper kennen die Schülerinnen und Schüler vielleicht, wenn das Herz schon im Unterricht thematisiert wurde. Falls es dies nicht wurde, könnte es den Schülerinnen und Schülern schwer fallen zu akzeptieren, dass sie die Augenbewegung nicht aktiv ausführen. Um den Prozess den Schülerinnen und Schülern zu erklären, wäre es der betreuuenden Person möglich, ihnen weitere Beispiele unwillkürlicher Prozesse im Körper zu nennen, wie etwa den Herzschlag.

Um das Drehstuhl-Experiment zu erklären, wird den Schülerinnen und Schülern ein Lückentext zur Verfügung gestellt. Dieser soll die Erklärung vereinfachen. Falls es den Schülerinnen und Schülern trotzdem schwerfällt, die Lücken auszufüllen, kann eine Hilfskarte zur Hand genommen werden, die die benötigten Begriffe bereitstellt. Da sich die Begriffe oft durch grammatikalische Hinweise sehr leicht einfügen lassen, sind der Hilfskarte auch einige falsche Begriffe beigefügt, sodass die Schülerinnen und Schüler pro Lücke zwischen mindestens zwei Begriffen auswählen müssen.

Benötigte Vorkenntnisse und Vertiefungs-/Weiterführungsmöglichkeiten

Es werden nur geringe Vorkenntnisse für die Station benötigt. Es wäre hilfreich, wenn die Schülerinnen und Schüler bereits einmal das Gefühl des Schwindels erlebt hätten. Davon ist jedoch in der 7. Klasse auszugehen, da das Drehen um die eigene Achse häufig im Alltag vorkommt. Auch ist ein Wahlpflichtbereich „Tanzen, Gestalten, Drehen“ (3.2.2.4) im Bildungsplan des Fachs Sport der 7./8. Klasse enthalten (Ministerium für Kultus, Jugend und Sport Baden-Württemberg, 2016a). Zusätzlich wäre es gut, wenn die Schülerinnen und Schüler schon wüssten, dass Signale im Körper weitergeleitet werden können. Dies wird sowohl in der 7./8. Klasse des Fachs Biologie im Bereich der Informationssysteme (3.2.2.4), als auch in der 8.–10. Klasse des Profilfachs Naturwissenschaft und Technik (3.2.4.1) (Ministerium für Kultus, Jugend und Sport Baden-Württemberg, 2016b) thematisiert. Somit wäre es zwar möglich, dass die Schülerinnen und Schüler dieses Wissen schon besitzen. Dies ist aber nicht vorauszusetzen. Die meisten Schülerinnen und Schüler kennen das Vorhandensein der Sinne und sind mit den im Alltag und in den Medien häufiger verwendeten Formulierungen wie „etwas wird an das Gehirn weitergeleitet“ bereits konfrontiert worden. Die Station kann jedoch auch ohne dieses Wissen durchgeführt werden. Vertiefungsmöglichkeiten bestünden in der Betrachtung der Maculaorgane zur Empfindung linearer Beschleunigungen. Auch wären die Muskeln erwähnenswert, die zum Halten des Gleichgewichts beitragen. Die Maculaorgane könnten entweder in einer weiteren Station oder durch eigenständige Recherche betrachtet werden.

7.5 Verlaufsplan

Min.	Phase und Ziel	Lehr-Lern-Arrangement	Arbeitsweise (Methoden, Sozialform)	Arbeitstechnik (Material, Medien)
5	Einstieg & Aktivierung	Lesen des Einleitungstextes. Betrachten des Bildes. Einführungsexperiment (um die eigene Achse drehen) Aufschreiben der Beobachtung	Einzelarbeit oder Partnerarbeit	Stationsblatt Arbeitsblatt
10	Erarbeitung des Vestibularapparats	Bearbeitung von Aufgabe 2a) Lesen der Infobox	Einzelarbeit oder Partnerarbeit	Stationsblatt Infobox 1 Arbeitsblatt
	Ergebnissicherung 1	Bestimmung der Reihenfolge der Signalweiterleitung	Partnerarbeit	
13	Praxisbezug	Bearbeitung von Aufgabe 2b)	Partnerarbeit	Infobox 2
18	Ergebnissicherung 2	Bestimmung der Drehrichtungen	Partnerarbeit	Lösungskarte 1 (2)
21	Praxisbezug: Überleitung Verbindung von Vestibularapparat und Auge	Experiment vor dem Spiegel Notieren der Beobachtung und der Erklärung	Partnerarbeit Einzelarbeit oder Partnerarbeit	Stationsblatt Spiegel Arbeitsblatt
28	Praxisbezug: Erarbeitung des Nystagmus	Experiment mit dem Drehstuhl Notieren der Beobachtung	Partnerarbeit	Stationsblatt Drehstuhl Arbeitsblatt
29	Alltagsbezug Nystagmus	Lesen des Textes von Aufgabe 4	Einzelarbeit oder Partnerarbeit	Stationsblatt
33	Ergebnissicherung 3	Ausfüllen des Lückentextes	Einzelarbeit oder Partnerarbeit	Arbeitsblatt Hilfskarte
36	Ergebnissicherung 4	Zusammenfassung der Körperbereiche	Einzelarbeit oder Partnerarbeit	Arbeitsblatt Infokarte

Literaturverzeichnis

Clauss, W. & Clauss, C. (2018).
Humanbiologie kompakt (2. Ausg.). Berlin: Springer Spektrum.

Frings, S. & Müller, F. (2019).
Evolution der Sinne. In S. Frings, & F. Müller, Biologie der Sinne. Vom Molekül zur Wahrnehmung. (2., korrigierte und aktualisierte Ausg., S. 12-32). Berlin: Springer-Verlag GmbH Deutschland.

Ministerium für Kultus, Jugend und Sport Baden-Württemberg (2016a).
Bildungsplan—Sport. Abgerufen am 11. 02. 2020 von
http://www.bildungsplaene-bw.de/,Lde/LS/BP2016BW/ALLG/GYM/SPO

Ministerium für Kultus, Jugend und Sport Baden-Württemberg (2016b).
Bildungsplan – Naturwissenschaft und Technik (NwT) – Profilfach. Abgerufen am 21. 02. 2020 von
http://www.bildungsplaene-bw.de/,Lde/LS/BP2016BW/ALLG/GYM/NWT/IK/8-9-10/04/01

Ministerium für Kultus, Jugend und Sport Baden-Württemberg (2022a).
Bildungsplan – Biologie, Überarbeitete Fassung vom 08. März 2022.
http://www.bildungsplaene-bw.de/,Lde/LS/BP2016BW/ALLG/GYM/BIO.V2

Ministerium für Kultus, Jugend und Sport Baden-Württemberg (2022b).
Bildungsplan – Physik, Überarbeitete Fassung vom 25. März 2022.
https://www.bildungsplaene-bw.de/,Lde/LS/BP2016BW/ALLG/GYM/PH.V2

Müller, W., Frings, S. & Möhrlen, F. (2019).
Tier- und Humanphysiologie – Eine Einführung. Berlin: Springer- Verlag GmbH Deutschland.

Stationsblatt: Alles im Gleichgewicht?

Das Gleichgewicht zu halten ist oft gar nicht so einfach. Und trotzdem schafft es unser Körper in den schwierigsten Drehungen, die Balance nicht zu verlieren. Doch wie bleibt der Körper eigentlich im Gleichgewicht?

Aufgabe 1: Wo liegt der Gleichgewichtssinn?

Der oben abgebiltede Ballett-Tänzer scheint seine Drehung (Pirouette) ohne Mühe ausführen zu können. Er scheint einen sehr guten Gleichgewichtssinn zu besitzen. Doch wo im Körper sitzt der Gleichgewichtssinn eigentlich?

a Dreht euch ein paar Mal schnell auf einem Bein um eure eigene Achse. Beobachtet, wie sich euer Körper während der Drehung und danach verhält. Diskutiert, welche Bereiche am meisten für die Haltung des Gleichgewichts benötigt werden. Überlegt euch, welche Bereiche ihr nach der Drehung am stärksten spürt?

b Kreuzt auf eurem Arbeitsblatt die betroffenen Bereiche entsprechend eurer Beobachtung an und ergänzt bei Bedarf. Seht euch anschließend Lösungskarte 1 an.

Aufgabe 2: Die Drehbeschleunigung

a Lest euch zuerst Infobox 1 durch. Bringe die Satzstücke auf deinem Arbeitsblatt in die richtige Reihenfolge. Die Abbildung in der Infobox 1 kann euch dabei helfen. Vergleicht eure Lösung mit Lösungskarte 2.

b Überlegt, in wie viele voneinander getrennte Richtungen ihr den Kopf drehen könnt. Zeichne Pfeile für die Richtungen in das Schaubild auf deinem Arbeitsblatt. Weitere Informationen gibt euch Infobox 2. Vergleicht eure Lösung mit Lösungskarte 3.

Cornelsen
Erarbeitet von: Vivian Haspel;
MINT interdisziplinär unterrichten: Lernstationen für Biologie, Chemie und Sport, 2024
Bildquelle: Shutterstock.com/nazarovsergey

Stationsblatt: Alles im Gleichgewicht?

Aufgabe 3: Experiment zur Drehbeschleunigung

a Sprich dich mit deinem Partner deiner Partnerin ab. Eine/r von euch setzt sich mit offenen Augen auf den Drehstuhl. Lest die folgenden Beobachtungsaufträge durch.

Auftrag für die Person auf dem Drehstuhl:

Bleibe während der Drehung gerade sitzen und blicke geradeaus. Achte darauf, wie du die Welt um dich herum wahrnimmst. Beschreibe deinem Partner oder deiner Partnerin, wie du deine Umwelt siehst (klar oder verschwommen, gerade oder schief, ...). Notiere das anschließend auf deinem Arbeitsblatt.

Auftrag für die Person ohne Drehstuhl:

Drehe den Stuhl vorsichtig und stoppe nach kurzer Zeit die Drehung. Beobachte die Augen der gedrehten Person, sowohl bei der Drehung als auch nachdem du die Person gestoppt hast. Beschreibe, was dir an ihren Augen auffällt. Teile das der Person mit und notiert beide die Beobachtung auf euren Arbeitsblättern. Falls du nichts beobachten kannst, schaut euch gemeinsam Hilfskarte 1 an.

b Tauscht nun die Plätze. Führt das Experiment erneut mit geschlossenen Augen durch. Direkt nach dem Stopp öffnet die Person auf dem Drehstuhl die Augen. Wieder werden die Augen der gedrehten Person beobachtet. Notiert die Beobachtung auf euren Arbeitsblättern.

Aufgabe 4: Zusammenspiel zwischen den Augen und dem Innenohr

Ähnlich wie im Experiment oben verhält es sich zum Beispiel beim Fahren in einem Zug. Beim Vorbeifahren an einer Landschaft folgen eure Augen den an euch vorbeiziehenden Dingen. Das Auge visiert beispielsweise einen Baum an. Der Blick folgt dem Baum, bis er aus eurem Blickfeld verschwindet. Anschließend springt der Blick schnell wieder zurück und ihr betrachtet den nächsten Gegenstand. Dieser Prozess wird Nystagmus genannt.
Geht gedanklich zurück zum Drehstuhl-Experiment. Füllt zur Erklärung eurer Beobachtung den Lückentext aus. Ihr könnt Infobox 1 noch einmal zur Hilfe nehmen, wenn ihr euch nochmal an manche Dinge erinnern wollt. Falls ihr Tipps benötigt, lest Hilfskarte 2. Kontrolliert eure Lösung anschließend mit Lösungskarte 5.

Aufgabe 5: Position des Gleichgewichtssinns im Körper

Fasst auf euren Arbeitsblättern in Stichworten zusammen, welche Bereiche des Körpers für das Halten des Gleichgewichts gebraucht werden. Ergänzt eure Notizen mit Infobox 3. Nehmt euch abschließend Lösungskarte 6, um zu überprüfen, ob ihr an alles gedacht habt.

Cornelsen
Erarbeitet von: Vivian Haspel;
MINT interdisziplinär unterrichten: Lernstationen für Biologie, Chemie und Sport, 2024
Bildquelle: stock.adobe.com/Wolfgang; Illustration: Stella Wolski

Infoboxen: Alles im Gleichgewicht?

Alles im Gleichgewicht? Infobox 1: Der Vestibularapparat – Die Bogengänge

Immer wenn du deinen Kopf drehst, erfährt dieser eine Drehbeschleunigung. Diese Beschleunigung wird über den Rotationssinn wahrgenommen. Die drei Bogengänge des Vestibularapparats sind genau dafür angelegt.

Die Bogengänge sind häutige, am Schädelknochen fest verankerte Bögen. Sie sind mit einer Flüssigkeit gefüllt, der Endolymphe. Diese Flüssigkeit ist sehr träge und verbleibt bei der Drehung des Kopfes für kurze Zeit in ihrer Position, bis sie die Geschwindigkeit der Drehung aufnimmt.

In jedem der drei Bogengänge befinden sich die sogenannten Ampullen. Die Ampullen ragen wie kleine Masten in die Bogengänge hinein. Auf den Masten sitzen Haarsinneszellen, die Informationen über die Richtung und die Stärke der Auslenkung ihrer Härchen weitergeben können. Um die Ampullen befindet sich eine gelartige Masse, die Cupula. Sie ist mit der Wand des jeweiligen Bogengangs verbunden. Die Cupula kann durch die bei einer Drehung entstehende Strömung der Endolymphe bewegt werden. Wird die Cupula bewegt, lenkt sie die Härchen der Haarsinneszellen aus, durch den Bogengangsnerv wird ein Signal an das Gehirn gesendet. Das Gehirn kann dann zum Beispiel Muskeln informieren, um das Gleichgewicht wiederherzustellen.

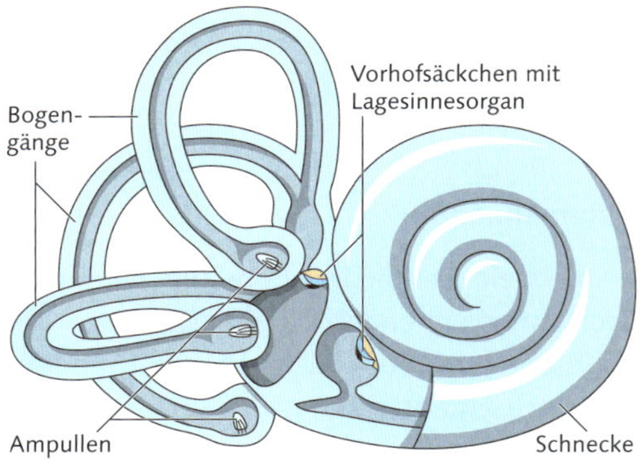

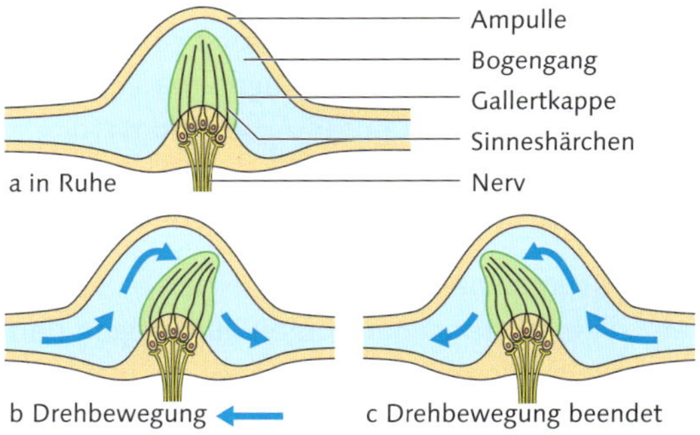

Cornelsen
Erarbeitet von: Vivian Haspel;
MINT interdisziplinär unterrichten: Lernstationen für Biologie, Chemie und Sport, 2024
Illustration: Jörg Mair, München

Infoboxen: Alles im Gleichgewicht?

Alles im Gleichgewicht? Infobox 2: Kopfbewegungen

Der Kopf kann grundsätzlich in drei verschiedene Richtungen gedreht werden. Alle anderen Drehungen stellen nur eine Mischform der drei eigentlichen Drehungen dar.
Um jede Bewegung erkennen zu können, müssen die drei Bogengänge senkrecht aufeinander stehen, also in einem 90°-Winkel, damit die jeweilige Richtung unabhängig von den anderen wahrgenommen werden kann. Im Gehirn werden die drei Richtungen und die jeweilige Drehstärke addiert und das Gefühl einer (einzigen) Drehung entsteht.

Alles im Gleichgewicht? Infobox 3: Position des Gleichgewichtssinns im Körper

Viele Bereiche unseres Körpers tragen dazu bei, das Gleichgewicht zu halten.
Der Vestibularapparat stellt eine der wichtigsten Komponenten des Gleichgewichtssystems dar. Er befindet sich im Innenohr und besteht aus den Bogengängen und den Maculaorganen. Aber auch die Augen und die Muskulatur sind sehr wichtig, um im Gleichgewicht zu sein. Die Muskulatur reagiert auf Signale des Gehirns, um den Körper während einer Drehung zum Beispiel zu stabilisieren. Sie gibt aber auch Informationen über die Haltung des Körpers an das Gehirn zurück.
Um alle Informationen der beteiligten Körperteile verarbeiten zu können, ist das Gehirn als zentrale Schaltstelle von zentraler Bedeutung.

Hilfskarten: Alles im Gleichgewicht?

Alles im Gleichgewicht? Hilfskarte 1: Experiment zur Drehbeschleunigung

Achte genau auf die Augen der gedrehten Person. Blickt die Person wirklich fest gerade aus? Führt das Experiment noch einmal durch und schaue, ob die Augen der Person auf dem Drehstuhl nach dem Anhalten kleine, schnelle, zuckende Bewegungen ausführen.

Alles im Gleichgewicht? Hilfskarte 2: Lückentext

Du benötigst für die Lücken immer nur einen der Vorschläge. Die Nummerierung entspricht der Reihenfolge der Lücken.

1. mit dem Uhrzeigersinn / gegen den Uhrzeigersinn
2. Größe / Oberfläche / Trägheit
3. langsam / schnell / nicht
4. langsam / schnell / nicht
5. Nystagmus / Rotation / Fliehkraft

8 Kälte-Sofort-Kompresse

Mara Uetzels & Maximilian Muth

8.1 Kurzbeschreibung

An dieser Lernstation sollen die Schülerinnen und Schüler die chemische Reaktion in einer Kälte-Sofort-Kompresse kennenlernen und diesen endothermen Prozess mithilfe des beiliegenden Materials auf Teilchenebene analysieren. Je nach Aktivität der Schülerinnen und Schüler und deren kognitiven Fähigkeiten können zusätzlich die Energiebilanzen unterschiedlicher Stoffe miteinander verglichen und die exotherme Variante des Lösungsvorgangs betrachtet werden.

8.2 Rahmenbedingungen

- Zielgruppe: 8./9./10. Klasse
- Anzahl der Schülerinnen und Schüler je Lernstation: 2
- Zeitlicher Rahmen der Station: 20 Minuten
- Räumlichkeiten: keine besonderen Anforderungen
- Material: Schreibmaterial, mindestens zwei Kälte-Sofort-Kompressen, eine Schere, zwei Bechergläser, ein Spatel oder alternativ ein Löffel, ein Thermometer, eine Rührplatte mit Rührfisch oder alternativ ein Glasrührstab
- Nötige Vorkenntnisse: zu allen vorausgesetzten chemischen Fachinhalten liegt der Station Informationsmaterial bei, damit die Schülerinnen und Schüler ihr chemisches Wissen auffrischen und mögliche Wissenslücken schließen können. Aus dem Bereich Sport sind keine Vorkenntnisse notwendig
- Digitale Zusatzmaterialien: Arbeitsblätter, Lösungskarten

8.3 Sachanalyse

Kälte-Sofort-Kompressen, umgangssprachlich auch Kühlpacks genannt, werden zum schnellen Kühlen von Verletzungen verwendet. Im Vergleich zu Kühlakkus muss die Kälte-Sofort-Kompresse vor der Verwendung nicht aktiv gekühlt werden, weshalb sie uneingeschränkt gelagert, transportiert und unverzüglich eingesetzt werden kann. Die Abkühlung der Kompresse ist die Folge eines chemischen Prozesses, der der Umgebung Energie in Form von Wärme entzieht. Man spricht hierbei von einer endothermen Reaktion. Eine endotherme Reaktion ist das Gegenteil einer exothermen Reaktion, bei der der Umgebung Energie in Form von Wärme zugeführt wird.

Das Lösen eines Stoffs in Wasser kann sowohl endotherm als auch exotherm, oder ganz ohne Beeinflussung der Umgebungstemperatur erfolgen. Die Funktionsweise der Kälte-Sofort-Kompresse basiert auf dem endothermen Lösen von Harnstoff in Wasser. Bis Anfang des 19. Jahrhunderts wurde anstelle des Harnstoffs granuliertes Ammoniumnitrat verwendet, das aufgrund seiner brandfördernden Wirkung und einigen damit verbundenen Chemieunfällen heutzutage nicht mehr verwendet wird. Die Kompressen beinhalten daher nur noch den harmlosen Harnstoff, der zwar nicht zur Gruppe der Salze zählt, beim Lösen in Wasser jedoch ein ähnliches Verhalten zeigt.
Damit die Reaktion der Kälte-Sofort-Kompresse erst zu einem gewünschten Zeitpunkt abläuft, wird das Wasser durch eine undurchlässige Membran von den Harnstoffkristallen getrennt. Durch Drücken auf die Kompresse wird die Trennwand zerstört und die beiden Ausgangsstoffe vermischen sich.

Der Prozess der Abkühlung beginnt mit der Anlagerung der Wassermoleküle an die Kristallstruktur des Harnstoffs. Wassermoleküle fungieren als Dipole. Die Atome Wasserstoff und Sauerstoff, die zwei Grundbausteine des Wassermoleküls, besitzen unterschiedliche Elektronegativitäten und ziehen somit unterschiedlich stark an den Atombindungen des Moleküls. Die Ladung ist daher nicht symmetrisch im Molekül verteilt, weshalb es zur Bildung von positiver und negativer Partialladung kommt.

Beim Mischen von Wasser und Harnstoff lagern sich die Dipolmoleküle dann unter Bildung von Wasserstoffbrücken am Kristallgitter des Harnstoffs an. Durch die Wechselwirkungen werden die Bindungen des Harnstoffgitters geschwächt und die Harnstoffmoleküle unter Energieaufwand langsam aus dem Gitter gelöst. Die für diesen Teilprozess benötigte Energie heißt Gitterenthalpie. Anschließend werden die gelösten Harnstoffmoleküle dann vom Wasser umlagert. Das Bilden von Hydrathüllen um die einzelnen Harnstoffmoleküle wird Hydratation genannt und setzt die sogenannte Hydratationsenergie frei.

Wird die aufzuwendende Gitterenthalpie nicht vollständig von der gewonnenen Hydratationsenthalpie abgedeckt, spricht man von einem endothermen Gesamtprozess, bei dem die zusätzlich notwendige Energie dem Wasser als Wärme entzogen wird. Die Konsequenz ist das Abkühlen des Reaktionsgemisches. Für die quantitative Beschreibung gilt die folgende Formel:

Lösungsenthalpie = Hydratationsenthalpie – Gitterenthalpie

Ein negativer Wert der Lösungsenthalpie bedeutet einen endotherm verlaufenden Gesamtprozess, ein positiver Wert bedeutet, dass am Ende Energie „übrigbleibt“, die als Wärmeenergie an das Wasser abgegeben wird (exothermer Prozess).

Die Kälte-Sofort-Kompresse dient ausschließlich zum einmaligen Gebrauch, da sich die Reaktion nicht mehr umkehren lässt. Die Kompresse kann nach der Verwendung problemlos im Haushaltsmüll entsorgt werden.

8.4 Methodisch-didaktische Überlegungen

Bildungsplanbezug am Beispiel Baden-Württembergs

Der Inhalt dieser Lehr-Lern-Station hat Bezug zu den Bildungsplänen der Fächer Chemie und Sport. Die Funktionsweise der Kälte-Sofort-Kompresse steht nicht in direktem Zusammenhang mit sportlicher Bewegung und taucht deshalb auch nicht explizit im Bildungsplan des Fachs Sport auf. Schülerinnen und Schüler werden jedoch sowohl im Sportunterricht als auch in außerschulischen Lebensbereichen mit Sportverletzungen konfrontiert. Im Sportunterricht ist die Lehrkraft dazu angewiesen, auf mögliche Verletzungsrisiken und Maßnahmen zur Vermeidung aufmerksam zu machen. Gegebenenfalls lernen Schülerinnen und Schüler die sogenannte PECH-Regel kennen, die Erste-Hilfe-Maßnahmen bei Muskel- und Gelenkverletzungen beinhaltet. (PECH steht für die Begriffe Pause, Eis, Compression und Hochlagern.) Nach dem Ruhigstellen des schmerzenden Körperteils weist die Regel das sofortige Kühlen der Verletzung an. Hierfür wird oftmals eine Kälte-Sofort-Kompresse verwendet, da diese, wie beschreiben, keine vorherige Kühlung erfordert.

Die in der Kompresse ablaufende chemische Reaktion ist für die Klassen 8 bis 10 im Bildungsplan für Chemie an Gymnasien (Ministerium für Kultus, Jugend und Sport Baden-Württemberg, 2022) dagegen deutlicher festgehalten. Im Rahmen dieser Lernstation erlernen die Schülerinnen und Schüler die folgenden inhaltlichen Kompetenzen: Zum einen werden die Inhaltsstoffe der Kühlkompresse und ihre Eigenschaften beschrieben (ebd., 3.2.1.2(1)) und der Zusammenhang zwischen Bindungstyp, räumlichem Bau und Dipol-Eigenschaft bei Molekülen dargestellt (ebd., 3.2.1.3(6)). Zudem knüpft die Station weiter an zu den Kompetenzen „zwischenmolekulare Wechselwirkungen“ (ebd., 3.2.1.3(8)) und „die besonderen Eigenschaften von Wasser erklären“ (ebd., 3.2.1.3(10)), sowie „den Lösungsvorgang von Salzen auf der Teilchenebene erklären“ (ebd., 3.2.1.3(12)). Aus dem Inhaltsbereich „Chemische Reaktion" erfahren Schülerinnen und Schüler folgende Kompetenzen: „beobachtbare Merkmale chemischer Reaktionen beschreiben" (ebd., 3.2.2.1(1)), „die chemische Reaktion als Veränderung von Atomen, Molekülen und Ionen beziehungsweise als Neuanordnung von Atomen oder Ionen durch das Lösen und Knüpfen von Bindungen erklären" (ebd., 3.2.2.1(3)) sowie „energetische Erscheinungen bei chemischen Reaktionen mit der Umwandlung eines Teils der in Stoffen gespeicherten Energie in andere Energieformen erklären" (ebd., 3.2.2.3(1)). Zuletzt ebenfalls aus dem Bereich chemische Reaktion: „Die Schülerinnen und Schüler können die Begriffe exotherm und endotherm erklären und entsprechenden Phänomenen zuordnen" (ebd., 3.2.2.3(2)).

Relevanz und Lebensweltbezug

Der Einsatz von Kälte-Sofort-Kompressen ist besonders im Sport, aber auch in alltäglichen Lebensbereichen (Arbeit, Haushalt etc.) stark verbreitet. Vermutlich hatten viele Schülerinnen und Schüler der Klasse schon einmal eine Kälte-Sofort-Kompresse in der Hand und haben sich gefragt, wie es denn möglich ist, eine Verletzung zu kühlen ohne die Kompresse zuvor ins Eisfach gelegt zu haben. Die Funktionsweise einer Kälte-Sofort-Kompresse gehört zwar nicht zu den überlebensnotwendigen Erkenntnissen des Lebens, es handelt sich aber um ein sehr interessantes Phänomen. Wir kennen die Kompresse als Alltagsgegenstand, verwenden sie und bei flüchtigem Hinsehen scheint es, als würde die Kälte aus dem Nichts entstehen. Da Energie jedoch eine Erhaltungsgröße ist und somit auch Wärme nicht erzeugt oder vernichtet, sondern nur umgewandelt und transportiert werden kann, dürfte mit diesem Wissen auffallen, dass die Annahme „Kälte aus dem Nichts" absurd ist.
Die Schule sollte neben fachwissenschaftlichen Inhalten auch alltägliches Wissen vermitteln und interessante Phänomene hinzuziehen, um Schülerinnen und Schüler für das jeweilige Fach zu begeistern. Zudem wird den Schülerinnen und Schülern, trotz des chemischen Schwerpunkts, ein fächerübergreifender Bezug zwischen Chemie und Sport geboten. Dieser kann dann sowohl in die chemische als auch sporttheoretische Richtung ausgebaut werden. Die Station verdeutlicht den Alltagsbezug des sonst eher abstrakten Fachs Chemie und kann neues, fachbezogenes Interesse wecken.

Methodisch-didaktische Umsetzung

Das Thema der Lehr-Lern-Station kann mithilfe einer Fotoserie von Sportverletzungen schnell und effektiv angeleitet werden. Alternativ kann durch die betreuende Lehrkraft auch nach persönlichen Verletzungserfahrungen der Schülerinnen und Schüler gefragt werden. Dabei ist jedoch zu beachten, dass die Unterhaltung über persönliche Erlebnisse nicht ausufern darf, da der begrenzte Zeitrahmen der Station keinen Platz für ausschweifende Gespräche bietet. Nach einer kurzen Aktivierung der Schülerinnen und Schüler kann es direkt an das Bearbeiten der Station gehen.

Auf dem Stationsblatt der Lehr-Lern-Station befinden sich drei Aufgaben, die der Reihenfolge nach bearbeitet werden sollen. Zusätzlich erhalten die Schülerinnen und Schüler ein Arbeitsblatt, auf dem Beobachtungen und Messwerte notiert werden sollen. Das Informationsblatt der Station, das Definitionen und kurze Erklärungen zum Kontext der Aufgaben enthält, soll die Schülerinnen und Schüler beim Umgang mit Fachbegriffen unterstützen. Vor dem Bearbeiten der drei Stationsaufgaben sollen das Material der Lehr-Lern-Station betrachtet, die Aufgabenstellungen aufmerksam gelesen und gegebenenfalls aufkommende Verständnisschwierigkeiten geklärt werden.

In der ersten Aufgabe liegt der Fokus auf dem Untersuchen der Kälte-Sofort-Kompresse. Besonders für jene Schülerinnen und Schüler, die noch nie zuvor eine solche Kompresse verwendet haben, ist dieses erste Erforschen interessant. Die in der Aufgabenstellung genannten Leitfragen sollen den Schülerinnen und Schülern eine Orientierung für das Betrachten wichtiger Merkmale bieten.
In Aufgabe 2 sollen die Schülerinnen und Schüler die in der Kälte-Sofort-Kompresse ablaufende Reaktion genauer betrachten. Um einen Blick in ihr Inneres werfen zu können, soll die Kälte-Sofort-Kompresse wie in der Aufgabe beschrieben vorsichtig auseinander gebaut werden. Anschließend soll die Temperatur der Kompresse gemessen und auf dem Aufgabenblatt der Station notiert wer-

den. Nachdem das Aktivieren der Kältereaktion durch Vermischen der Inhalte simuliert wurde, soll die Temperatur erneut gemessen und mit dem ersten Wert verglichen werden.

In der dritten Aufgabe soll die in der Kälte-Sofort-Kompresse ablaufende Reaktion mithilfe des Lückentexts auf Teilchenebene beschrieben werden. Mithilfe des Informationsblatts und den Beobachtungen sollen die Lücken des Texts ergänzt werden.

Antizipierte Ergebnisse der Schülerinnen und Schüler

Im Rahmen der ersten Aufgabe sollen die Schülerinnen und Schüler die Kälte-Sofort-Kompresse untersuchen und ihre Beobachtungen auf dem Aufgabenblatt notieren. Idealerweise lassen sich die Inhaltsangaben der Kompresse direkt vom Kompressenbeutel oder der Verpackung ablesen. Die Ausführlichkeit und Position der Angaben kann je nach Hersteller variieren. Bei der Betrachtung der Kälte-Sofort-Kompresse soll den Schülerinnen und Schülern auffallen, dass diese lediglich aus Harnstoff und Wasser besteht. Beim vorsichtigen Kneten des Beutels wird ein zweiter, kleinerer Beutel spürbar. Da sich dieser prall gefüllt anfühlt, lässt sich vermuten, dass die beiden Inhaltsstoffe vor Aktivierung getrennt voneinander vorliegen. Die Kristalle des Harnstoffs sind je nach Dicke des äußeren Beutels ebenfalls bemerkbar. Eine weitere wichtige Erkenntnis betrifft die Temperatur der Kälte-Sofort-Kompresse vor und nach der Aktivierung. Zu Beginn hat der Beutel Raumtemperatur. Nach dem Aktivieren der Kompresse durch festes Drücken auf den Beutel sollen die Schülerinnen und Schüler schlussfolgern, dass der mit Wasser gefüllte Beutel im Inneren geplatzt ist und sich das Wasser nun in der gesamten Kompresse verteilt hat. Bereits kurze Zeit nach dem Aktivieren sollte eine deutliche Abkühlung der Kompresse zu spüren sein. Die Kristalle lassen sich im Anschluss nicht mehr erfühlen, was dafürspricht, dass diese sich im Wasser gelöst haben.

In der zweiten Aufgabe sollen die Schülerinnen und Schüler die in der Kälte-Sofort-Kompresse ablaufende Reaktion nun genauer betrachten. Die Aufgabenstellung gibt den Schülerinnen und Schülern eine detaillierte Anleitung für das Auseinanderbauen der Kälte-Sofort-Kompresse und die anschließend folgende Versuchsdurchführung. Vor dem Mischen der Kompresseninhalte soll die Temperatur des Wassers gemessen und auf dem Aufgabenblatt der Station notieren werden. Diese kann je nach Außentemperatur variieren. Nachdem das Platzen der Membran durch Vermischen der Ausgangsstoffe simuliert wurde, sollte die Temperatur auf circa vier bis sechs Grad Celsius sinken. Im Vorher-Nachher-Vergleich ist also ein deutliches Abkühlen der Kompresse spürbar, sowie messbar.
Die dritte Aufgabe fordert die Schülerinnen und Schüler dazu auf, die getätigten Beobachtungen, die Temperaturmesswerte und die Informationen des Zusatzmaterial miteinander zu verknüpfen. Der Lückentext soll mit den passenden Begriffen ergänzt werden. Anschließend können die Schülerinnen und Schüler ihre Gedankengänge mithilfe der Musterlösung überprüfen und ihre Fehler selbstständig korrigieren. Zur Ergebnissicherung kann die Zuordnung und Reihenfolge der Textbausteine auf das eigene Aufgabenblatt übernommen werden und der fehlende Fachbegriff in der Lücke eingetragen werden.

Mögliche Herausforderungen und entsprechende Förder-/Forderangebote

Die Lehr-Lern-Station wurde so entwickelt, dass chemische Grundlagen nicht als bekannt vorausgesetzt werden und die Aufgaben der Station als auch bei mangelnden chemischen Vorkenntnissen problemlos bearbeitet werden können. Dabei bietet das Informationsblatt vor allem den schwächeren Schülerinnen und Schülern die Möglichkeit, das für die Station benötigte Wissen in wenigen Minuten zu erlangen oder aufzufrischen. Das Bearbeiten der ersten beiden Stationsaufgaben dürfte den Schülerinnen und Schülern leichtfallen, da diese lediglich Beobachten und Protokollieren erfordert, und da Leitfragen Orientierung bieten.

Das eigenständige Konstruieren der Reaktion auf Teilchenebene könnte einigen Schülerinnen und Schülern Schwierigkeiten bereiten, weswegen der Vorgang durch einen Lückentext unterstützt wird. Indem die Schülerinnen und Schüler einen Anhaltspunkt für die einzelnen Reaktionsschritte und Begriffe für die Lücken des Texts vorgegeben bekommen, soll das Gefühl von Hilflosigkeit umgangen werden. Zusätzlich kann das Informationsblatt beim Ausfüllen der Lücken hinzugezogen werden. Allgemein kann die Zurückhaltung der Schülerinnen und Schüler, sowie deren Desinteresse oder fehlende Motivation den Verlauf der Stationsarbeiten stören. Die betreuenden Lehrkräfte sind deshalb dazu aufgefordert, den Schülerinnen und Schülern – falls notwendig – einen Motivationsanstoß zu geben und eine hilfsbereite und aufgeschlossene Arbeitsatmosphäre zu schaffen. Zusätzlich kann sich eine durch die Lehrkraft festgelegte sinnvolle Partnereinteilung positiv auf das Arbeitsklima auswirken. Durch sie lassen sich soziale Auseinandersetzungen vermeiden und das Empfinden von Scham vor den Mitschülerinnen und Schülern umgehen.

Auch wenn das zu dieser Station gehörige Experiment mit ungefährlichen chemischen Stoffen durchgeführt wird, sollten die Schülerinnen und Schüler zuvor für den verantwortungsvollen Umgang mit Chemikalien und mit Laborgeräten aus Glas sensibilisiert werden. Durch sorgfältiges Prüfen des Stationsmaterials und aller für den Versuch benötigten Laborgeräte können Arbeitsbehinderungen, wie beispielsweise ein undichtes Becherglas, eine defekte Rührplatte oder fehlende Stationskärtchen, vermieden werden.

Es besteht die Möglichkeit, dass Vorwissen der Schülerinnen und Schüler Inhalte der Station vorwegnehmen, auch wenn auf die energetische Betrachtung von Reaktionen erst in der Kursstufe eingegangen wird. Das ursprünglich geplante Ziel der Station kann in diesem Fall nicht optimal erreicht werden. Das Thema der Lehr-Lern-Station bietet jedoch genug Ausbaumöglichkeiten, um auch Schülerinnen und Schüler mit einem weitreichenden Wissenstand einzubeziehen. Der Schwerpunkt könnte beispielsweise auf das endotherme Lösen verschiedener Stoffe in Wasser und deren unterschiedliche Energiebilanzen oder auf die exotherme Variante des Lösevorgangs verlagert werden.

Benötigte Vorkenntnisse und Vertiefungs-/Weiterführungsmöglichkeiten

An dieser Lehr-Lern-Station steht die Chemie im Vordergrund, weshalb von Seiten des Sportunterrichts keine Vorkenntnisse benötigt werden. Bei der Betrachtung des Lösungsvorgangs von Harnstoff in Wasser auf Teilchenebene müssen die Schülerinnen und Schüler jedoch auf eine Reihe chemischer Grundkenntnisse zurückgreifen. Da die Station für Schulklassen ab Klassenstufe 8 ausgelegt ist, werden potenzielle Wissenslücken mithilfe des Zusatzmaterials geschlossen. Die Schülerinnen und Schüler können sich bei Bedarf über Fachbegriffe und Stoffeigenschaften der verwendeten Chemikalien informieren. Dies kostet gegebenenfalls etwas Zeit, ermöglicht jedoch das Bearbeiten der Stationsaufgaben ohne Vorkenntnisse der verschiedenen chemischen Bereiche. Idealerweise bringen die Schülerinnen und Schüler schon eine Reihe Vorkenntnisse mit. Für das reibungslose Bearbeiten der Stationsaufgaben sollten die Schülerinnen und Schüler mit den Fachbegriffen Atom, Molekül, Ion, zwischenmolekulare Kräfte und Wechselwirkungen vertraut sein. Zudem sind chemische Kenntnisse über das Wasser und dessen Dipol-Eigenschaften vom Vorteil. Zudem sollten die Schülerinnen und Schüler in der Lage sein, Merkmale chemischer Reaktionen zu beschreiben und zu dokumentieren.

Da das energetische Betrachten chemischer Reaktionen Inhalt der Kursstufenchemie ist, bietet die Station Möglichkeiten zur Erweiterung des zu vermittelnden Fachinhalts. Die chemische Reaktion der Kälte-Sofort-Kompresse kann als Wiederholung oder Einführung dienen, um anschließend auf das Löslichkeitsgleichgewicht chemischer Reaktionen einzugehen. Die Löslichkeit eines Stoffs in einem Lösungsmittel kann begrenzt sein und durch verschiedene Faktoren beeinflusst werden. Diese Beeinflussung könnte alternativ zum klassischen Chemieunterricht ebenfalls mithilfe einer Lehr-Lern-Station erkundet werden.

Im Rahmen dieser Lehr-Lern-Station kann für Schülerinnen und Schüler der Oberstufe anstelle des Lückentexts ein deutlich komplexeres Puzzle mit vorgefertigten Textbausteinen verwendet werden, die die Schülerinnen und Schüler in chronologischer Reihenfolge den einzelnen Teilprozessen zuordnen sollen. Anschließend sollen die Lücken der Textabschnitte mit den passenden Begriffen ergänzt werden. Zur Ergebnissicherung kann die Zuordnung und Reihenfolge der Textbausteine auf das eigene Aufgabenblatt übernommen und die fehlenden Fachbegriffe können in die Lücken eingetragen werden.

Idealerweise wurde durch das Bearbeiten dieser Lehr-Lern-Station das Interesse der Schülerinnen und Schüler geweckt, sodass sie sich auch in ihrer Freizeit mit alltäglichen chemischen Phänomenen beschäftigen, diese hinterfragen und damit die im Verborgenen ablaufende Chemie erkunden. Im Anschluss an die Durchführung dieser Station können weitere chemische Reaktionen alltäglicher Lebensbereiche analysiert werden. Wo spielt Chemie eine Rolle, obwohl sie auf den ersten Blick nicht sichtbar ist? Diese Fragestellung lässt sich auch fächerübergreifend mit sportlichem Bezug diskutieren, denkt man an Themen wie Doping, Sportkleidung oder den Stoffwechsel des menschlichen Körpers.

8.5 Verlaufsplan

Min.	Phase und Ziel	Lehr-Lern-Arrangement	Arbeitsweise (Methoden, Sozialform)	Arbeitstechnik (Material, Medien)
1–3	Einstieg und Aktivierung	Die Schülerinnen und Schüler werden durch die auf den Bildern gezeigten Sportverletzungen zum Thema der Lehr-Lern-Station hingeleitet.	Gespräch zwischen den Partnern	(Bilderserie von Sportverletzungen)
	Orientierung an der Station	Die Schülerinnen und Schüler sollen sich mit dem Material der Station vertraut machen und die Arbeitsaufträge der Stationsaufgaben aufmerksam durchlesen.	Einzelarbeit / Partnerarbeit	Stationsblatt, Aufgabenblatt und Informationsblatt
3–5	Bearbeiten von Aufgabe 1	Die Schülerinnen und Schüler untersuchen die Kälte-Sofort-Kompresse unter Hinzunahme der Leitfragen.	Partnerarbeit	Stationsblatt und Kälte-Sofort-Kompresse
	Ergebnissicherung	Ihre Beobachtungen notieren die Schülerinnen und Schüler im dafür vorgesehenen Abschnitt auf ihren Arbeitsblatt.	Einzelarbeit	Arbeitsblatt
5–10	Bearbeiten Aufgabe 2	Die Kältereaktion wird im Becherglas simuliert.	Partnerarbeit	Stationsblatt und Versuchsmaterial (siehe Aufbauanleitung)
	Ergebnissicherung	Die Schülerinnen und Schüler vermerken die Messwerte im dafür vorgesehenen Abschnitt auf ihren Arbeitsblatt.	Einzelarbeit	Arbeitsblatt

Min.	Phase und Ziel	Lehr-Lern-Arrangement	Arbeitsweise (Methoden, Sozialform)	Arbeitstechnik (Material, Medien)
10–18	Bearbeiten Aufgabe 3	Die Schülerinnen und Schüler nehmen sich den Lückentext der dritten Aufgabe zur Hand und versuchen die Lücken mit den passenden Begriffen zu ergänzen.	Partnerarbeit	Stationsblatt und Aufgabenblatt
18–20	Ergebnissicherung	Die eingefügten Begriffe des Lückentextes sollen mithilfe der Musterlösung korrigiert werden. Ist die Zeit für eine vollständige Korrektur nicht mehr ausreichend kann den Schülerinnen und Schülern alternativ auch die Musterlösung als Ergebnissicherung mit nach Hause gegeben werden.	Einzelarbeit	Arbeitsblatt und Musterlösung

Literaturverzeichnis

Fuchshuber, Joachim (2018, 21. Oktober).
Die PECH-Regel für Sportler. Zugriff unter:
https://www.tk.de/techniker/magazin/sport/sportverletzungen/pech-regel-2006152.

Kurzweil, Peter (2020).
Lösungen, Fällungsreaktionen, Wasserchemie. In Peter Kurzweil (Hrsg.), Chemie. Grundlagen, technische Anwendungen, Rohstoffe, Analytik und Experimente. 11., überarbeitete und erweiterte Auflage (S. 178–194). Wiesbaden: Springer Fachmedien Wiesbaden.

Ministerium für Kultus, Jugend und Sport Baden-Württemberg (2022).
Bildungsplan des Gymnasiums. Chemie (Seiten 15, 18 f. und 22). Überarbeitete Fassung vom 08. März 2022. Stuttgart: Neckar-Verlag.

Tausch, Michael; Wachtendonk, Magdalene von (2009).
Stoff – Formel – Umwelt. 2. Aufl., [8. Dr.]. Bamberg: Buchner.

Stationsblatt: Kälte-Sofort-Kompresse

Verletzungen geschehen ab und an beim Sport – oft hilft es, durch schnelles Kühlen von zum Beispiel Prellungen die Schmerzen zu lindern und eine zügige Regeneration zu unterstützen.

Doch nicht überall sind Kühlschränke vorhanden, um Eis oder gekühlte Kompressen vorzuhalten. Dafür gibt es „Kälte-Sofort-Kompressen", die auch bei Zimmertemperaturen „aktiviert" werden können, um Verletzungen sofort zu kühlen. Wie funktionieren diese Kompressen?

Abbildung 1 **Kälte-Sofort-Kompresse**

Aufgabe 1: Erkunden der Kälte-Sofort-Kompresse

a Untersuche die Kälte-Sofort-Kompresse in Bezug auf die folgend genannten Fragen. Um ein frühzeitiges Aktivieren zu vermeiden: Achte darauf, den Beutel nicht zu fest zu drücken.
- Welche Inhaltsstoffe werden auf der Verpackung genannt?
- Welche Informationen zur Verwendung sind angegeben?
- Was kannst du spüren, wenn du die Kompresse vorsichtig zwischen den Fingern hin und her bewegst?

Notiere deine Beobachtungen auf dem Arbeitsblatt.

b Drücke zum Aktivieren der Kälte-Sofort-Kompresse fest auf den Beutel.
- Was kannst du spüren?
- Welche Unterschiede kannst du im Vergleich zu vorher feststellen?

Notiere deine Beobachtungen auf dem Arbeitsblatt.

Aufgabe 2: Kältereaktion im Becherglas

Die Reaktion in der Kälte-Sofort-Kompresse soll nun näher betrachten werden. Um einen Blick ins Innere zu erlangen und die Temperatur der Kompresse messen zu können, wird die Reaktion im Becherglas durchgeführt.
- Schneide den Beutel der Kälte-Sofort-Kompresse vorsichtig am oberen Rand auf.
- Trenne die Inhalte, indem du die Kristalle mithilfe des Spatels in ein Becherglas gibst und die Flüssigkeit, die durch eine innere Membran vom Rest getrennt ist, in ein zweites Becherglas umfüllst.
- Miss die Temperatur der Flüssigkeit und notiere den Messwert auf dem Arbeitsblatt.
- Simuliere das Platzen der Membran, indem du die Flüssigkeit langsam zu den Kristallen hinzugibst. Mithilfe des Glasrührstabs kannst du das Gemisch umrühren.

Miss nun die Temperatur des Reaktionsgemisches und notiere den Messwert auf dem Arbeitsblatt.

Aufgabe 3: Abkühlungsprozess auf Teilchenebene

Mithilfe des Lückentexts soll die in der Kälte-Sofort-Kompresse ablaufende Reaktion nun auf Teilchenebene beschrieben werden. Ergänze die Lücken mit den passenden Begriffen. Die Infoboxen können dir dabei helfen.

Cornelsen
Erarbeitet von: Mara Uetzels & Maximilian Muth;
MINT interdisziplinär unterrichten: Lernstationen für Biologie, Chemie und Sport, 2024
Illustration: Shutterstock/vectorwin

Infoboxen: Kälte-Sofort-Kompresse

Kälte-Sofort-Kompresse – Infobox 1: Gitterenthalpie

Die Gitterenthalpie bezeichnet den Energieaufwand, der benötigt wird, um atomare, ionische oder molekulare Bestandteile aus einer kristallinen Struktur herauszulösen und unendlich weit voneinander zu entfernen. Werden umgekehrt Atome, Ionen oder Moleküle zu einem Kristallgitter zusammengesetzt wird die entsprechende Gitterenthalpie frei. Die Gitterenthalpie wird in der Einheit kJ/mol angegeben. Stoffe wie Harnstoff, die keine Ionengitter bilden, können dennoch Gitterenergie freisetzen. Die Energie wird bei der Bildung von kristallinen Strukturen, durch die Bildung von Wasserstoffbrückenbindungen, frei.

Kälte-Sofort-Kompresse – Infobox 2: Hydratationsenthalpie

Das Umhüllen von atomaren, ionischen oder molekularen Bestandteilen durch Wassermoleküle wird Hydratation genannt. Die bei diesem Prozess umgesetzte Energie heißt Hydratationsenthalpie. Ihr Wert kann positiv oder negativ sein, je nachdem ob für das Bilden der Hydrathüllen Energie benötigt oder freigesetzt wird. Die Hydratationsenergie wird in der Einheit kJ/mol angegeben. Auch beim Harnstoff werden die Bindungen zwischen den einzelnen Harnstoffmolekülen gelockert, die Gitterstruktur bricht und die nun „freien“ Harnstoffmoleküle werden von einer Hydrathülle umschlossen.

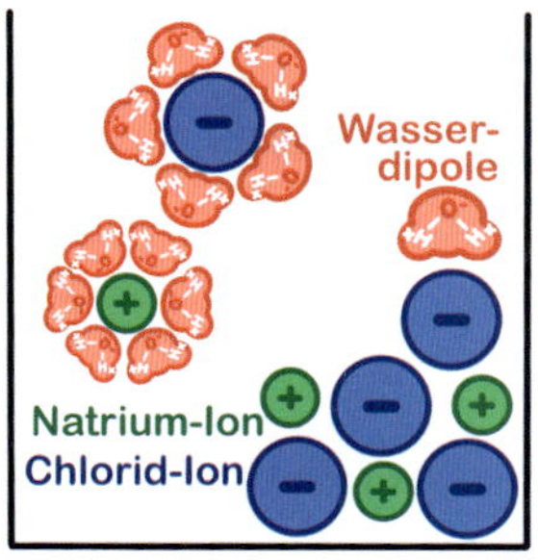

Kälte-Sofort-Kompresse – Infobox 3: Lösungsenthalpie

Die Lösungsenthalpie resultiert aus der Differenz der Hydratations- und der Gitterenthalpie und kann nach folgender Formel berechnet werden:

Lösungsenthalpie = Hydratationsenthalpie – Gitterenthalpie

Die Lösungsenthalpie wird in der Einheit kJ/mol angegeben.
Ein positiver Wert der Lösungsenthalpie bedeutet einen exotherm verlaufenden Gesamtprozess. Infolgedessen erwärmt sich die Lösung, da die am Ende übrigbleibende Energie als Wärme an das Wasser abgegeben wird.
Ein negativer Wert der Lösungsenthalpie bedeutet einen endothermen Gesamtprozess, die Lösung kühlt ab.

Cornelsen
Erarbeitet von: Mara Uetzels & Maximilian Muth;
MINT interdisziplinär unterrichten: Lernstationen für Biologie, Chemie und Sport, 2024
Illustration: Stella Wolski

Infoboxen: Kälte-Sofort-Kompresse

Kälte-Sofort-Kompresse – Infobox 4: Endotherm und exotherm

Endotherm
Endotherme Reaktionen laufen nur unter kontinuierlicher Energiezufuhr ab. Es wird also Energie in Form von Wärme aus der Umgebung aufgenommen.
Exotherm
Bei exothermen Reaktionen wird Wärmeenergie an die Umgebung abgegeben.

Kälte-Sofort-Kompresse – Infobox 5: Harnstoff

Harnstoff wird in der Medizin auch Urea genannt. Chemische Synonyme sind Diaminomethanal oder Kohlensäurediamid. Harnstoffkristalle sind farb- und geruchlos. Sie sind sehr gut in Wasser löslich. Bei 20 °C lässt sich zirka 1 kg Harnstoff in 1 l Wasser lösen. Bei der Hydratation der Harnstoffmoleküle wird weniger Energie frei als beim Lösen der Gitterstruktur verbraucht wird. Daher ist der Gesamtvorgang endotherm.

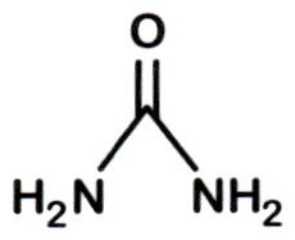

Kälte-Sofort-Kompresse – Infobox 6: Zwischenmolekulare Kräfte

Zwischenmolekulare Kräfte entstehen durch elektrostatische Wechselwirkungen zwischen Molekülen. Sie sind im Vergleich zu kovalenten Bindungen, Metall- oder Ionenbindungen eher schwach. Es werden drei Arten von zwischenmolekularen Kräften unterschieden:

- Van-der-Waals-Kräfte zwischen unpolaren Molekülen
- Dipol-Dipol-Wechselwirkungen zwischen polaren Molekülen
- Wasserstoffbrückenbindungen

Je stärker die zwischenmolekularen Kräfte sind, desto mehr Energie wird benötigt, um die atomaren, ionischen oder molekularen Bestandteile zu trennen.

Van-der-Waals-Kräfte:
Van-der-Waals-Kräfte wirken zwischen unpolaren Molekülen und nehmen mit steigender Molekülgröße und Masse zu.

Dipol-Dipol-Wechselwirkungen
Ein Molekül, dessen Elektronen grundsätzlich unsymmetrisch verteilt sind, wird elektrischer Dipol genannt. Durch die ungleiche Elektronenverteilung kommt es im Molekül zu positiven und negativen Partialladungen, die entsprechend ihrer Ladung mit den Symbolen δ+ oder δ- bezeichnet werden. Das Dipol-Molekül ist insgesamt aber weiterhin neutral. Über die partiellen Ladungen können Dipole nun miteinander wechselwirken.

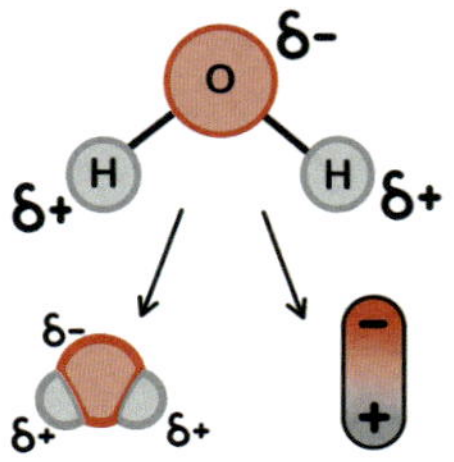

Wasserstoffbrückenbindung
Wasserstoffbrückenbindungen entstehen durch elektrische Anziehung und können zwischen Wasserstoffatomen und stark elektronegativen Atomen wie beispielsweise Sauerstoff, Stickstoff oder Fluor auftreten.

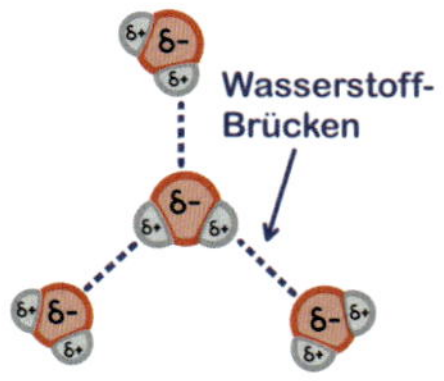

Cornelsen
Erarbeitet von: Mara Uetzels & Maximilian Muth;
MINT interdisziplinär unterrichten: Lernstationen für Biologie, Chemie und Sport, 2024
Illustration: Stella Wolski

Infoboxen: Kälte-Sofort-Kompresse

Kälte-Sofort-Kompresse – Infobox 7: Ionenbindung

Die Ionenbindung ist charakteristisch für Salze und gehört zu den chemischen Bindungen. Sie entsteht, indem sich positiv geladene Kationen und negativ geladene Anionen elektrostatisch anziehen.

Kälte-Sofort-Kompresse – Infobox 8: Weitere Begrifflichkeiten

Undurchlässige Membran
Eine undurchlässige Membran verhindert den Austausch von Stoffen zwischen zwei Reservoirs. Ein Beispiel hierfür ist Plastik, das in der Kälte-Sofort-Kompresse verwendet wird.

Phasenbildung
Eine Phase ist eine Einheit, in der sowohl die chemische Zusammensetzung als auch der physikalische Zustand einheitlich ist. Ein homogenes System besteht nur aus einer Phase. Liegen zwei oder mehrere Phasen vor, bilden sich Phasengrenzen und man nennt das System heterogen.

9 Durst löschen mit Süßgetränken?

Leander Scholz & Lea Fink

9.1 Kurzbeschreibung

Die Schülerinnen und Schüler lernen in dieser Lernstation die Osmose im Kontext der Rehydration kennen. Im Rahmen des Schülerinnen- und Schülerversuchs wird die dehydrierende Wirkung von Süßgetränken gegenüber Leitungswasser untersucht. Das erworbene Wissen können die Schülerinnen und Schüler im Alltag beim Sport und bei der Beurteilung von Werbeversprechen von Getränkeherstellern anwenden.

9.2 Rahmenbedingungen

- Zielgruppe: 9. Klasse
- Anzahl der Schülerinnen und Schüler je Lernstation: 2
- Zeitlicher Rahmen der Station: 20 Minuten
- Räumlichkeiten: für Wassernutzung geeigneter Raum mit Wasseranschluss und Abfluss
- Material: 2 Osmometer, 2 Einweg-Plastikpipetten, wasserfester Marker, 2500-ml-Becherglas, Spritzflasche mit destilliertem Wasser, Süßgetränk (zum Beispiel Eistee oder Cola), Schere
- Nötige Vorkenntnisse: Teilchenvorstellung, wässrige Lösungen, Grundkenntnisse des Aufbaus einer Zelle, grundlegende Laborarbeitstechniken
- Digitale Zusatzmaterialien: Arbeitsblätter, Lösungskarten

9.3 Sachanalyse

Die Stoffmengenkonzentration c einer Lösung ist das Verhältnis der Stoffmenge des gelösten Stoffes zum Volumen der Lösung (siehe zum Beispiel Binnewies et al., 2016):

$$c = \frac{n}{V}.$$

Da die Stoffmenge in der Einheit mol angegeben wird (1 mol $\approx 6{,}022 \cdot 10^{23}$ Teilchen), ergibt sich für die Konzentration c die Einheit mol $\cdot\ l^{-1}$. Folglich liegen bei einer hohen Konzentration viele Teilchen im Lösungsmittel gelöst vor. Bei einer geringen Konzentration sind wenige Teilchen im Lösungsmittel gelöst. Die Konzentration ist dabei für die gesamte Lösung definiert.

Die Verteilung des gelösten Stoffs beruht auf der Brown'schen Bewegung. Sie beschreibt die ungerichtete Bewegung von Teilchen, aber auch die zitternde Bewegung von größeren Organellen und Zellen, die durch die Stöße mit den Teilchen des umliegenden Lösungsmittels zu Stande kommt. Nach Engel und Reid (2006) setzt sich die gesamte Kraft auf ein sich in die Richtung bewegendes Teilchens $F_{\text{total},x}$ aus einer zeitabhängigen Kraft $F_x(t)$, sowie einer Reibungskraft $F_{R,x}$ zusammen. $F_{R,x}$ wirkt dabei entgegen der Bewegungsrichtung und somit ergibt sich wie folgt:

$$F_{\text{total},x}(t) = F_x(t) + F_{R,x}$$

Mit der Masse des in Bewegung stehenden Teilchens (m) lässt sich unter der Annahme, dass die Geschwindigkeit proportional zur Reibungskraft ist, die obenstehende Gleichung dann als Differenzialgleichung wie folgt schreiben:

$$m\left(\frac{d^2x}{dt^2}\right) = F_x(t) - f\left(\frac{dx}{dt}\right),$$

wobei f der Reibungskoeffizient der umliegenden Flüssigkeit ist. Aus der Differenzialgleichung lässt sich dann die zurückgelegte mittlere quadratische Wegstrecke des Brown'schen Teilchens $\langle x^2 \rangle$ ableiten mit

$$\langle x^2 \rangle = \frac{2kTt}{f}$$

wobei k die Boltzmann-Konstante und T die Temperatur ist.

Lehninger et al. (2008) erklären, dass sich die Teilchen durch die Brown'sche Bewegung im gesamten Lösungsmittel verteilen und so ihre Entropie erhöhen. Diese ohne äußeren Einfluss und ohne Energieverbrauch ablaufende Verteilung eines Stoffes in einem Stoffgemisch nennt man Diffusion. Sie folgt dem Konzentrationsgradienten und gleicht Konzentrationsunterschiede innerhalb einer Lösung aus.
Eine Form der Diffusion ist die Osmose und damit ein passiver Transport (vgl. Lehninger et al., 2008). Passiver Transport bedeutet, dass keine Energie für den Transport aufgebracht wird. Anders als bei der Diffusion folgen hier die Lösungsmittelteilchen einem Konzentrationsgradienten durch eine semipermeable Membran, die nur für bestimmte Teilchen durchlässig ist. Das Lösungsmittel kann durch die Membran diffundieren, wohingegen die größeren (osmotisch aktiven) Teilchen dies nicht können.
Der osmotische Druck entspricht dem Druck, der auf die Lösung ausgeübt werden muss, damit sich ein Gleichgewicht der Lösungsmittelteilchen einstellt (siehe zum Beispiel Atkins und dePaula). Somit ist auf beiden Seiten das chemische Potenzial des Lösungsmittels gleich. Da dieses Potenzial durch die gelösten Stoffe herabgesetzt wird, erfolgt ein Ausgleich durch Druckanwendung. Der osmotische Druck kann mit der Van't-Hoff-Gleichung

$$\Pi = [B]RT$$

ausgedrückt werden, wobei $[B]$ die molare Konzentration des gelösten Stoffs, R die ideale Gaskonstante und T die Temperatur ist.

Bei Müller-Esterl (2011) wird die Osmose in einem biochemischen Kontext betrachtet. Das heißt, dass bei Zellen die Zellmembran als semipermeable Membran zwischen dem Zytoplasma und der extrazellulären Flüssigkeit liegt. Das betrachtete Lösungsmittel ist hier stets Wasser. Liegt nun zwischen den beiden Lösungen ein Unterschied an gelösten Stoffen vor, so wird die Lösung mit niedrigerer Konzentration hypotone Lösung und die Lösung mit höherer Konzentration hypertonische Lösung genannt. In der hypotonen Lösung liegt einhergehend mit der niedrigen Konzentration an gelösten Stoffen eine höhere Konzentration an Wasser vor als bei der hypertonischen Lösung. Wegen der Wasserdurchlässigkeit der Zellmembran kann dieses Konzentrationsgefälle ausgeglichen werden, indem mehr Wassermoleküle von der hypotonen Lösung zur hypertonen Lösung fließen. Dieser Ausgleich kann auch statistisch begründet werden. Bei der hypotonen Lösung ist die Wahrscheinlichkeit höher, dass ein Wassermolekül auf die Membran trifft und somit auch durch sie hindurch geht, als bei der hypertonen Lösung. Entsprechen sich hingegen weitgehend die osmotischen Aktivitäten der beiden Lösungen, wird die extrazellulare Flüssigkeit auch isotonische Lösung genannt.

9.4 Methodisch-didaktische Überlegungen

Bildungsplanbezug am Beispiel Baden-Württembergs

Die vom Ministerium für Kultus, Jugend und Sport Baden-Württemberg (2016a,b,c) veröffentlichten Bildungspläne unterscheiden zwischen inhaltsbezogenen und prozessbezogenen Kompetenzen. Gemäß des Bildungsplans für den gymnasialen Sportunterricht sollen die Schülerinnen und Schüler verschiedene sportpädagogische Perspektiven im Unterricht erleben. Eine dieser Perspektiven wird in dieser Lernstation besonders angesprochen, denn die Schülerinnen und Schüler sollen in einem gesundheitsorientierten Unterricht ihre Gesundheit verbessern und ein Gesundheitsbewusstsein entwickeln (Ministerium für Kultus, Jugend und Sport Baden-Württemberg 2016c, S. 8). Außerdem soll die körperliche Leistungsfähigkeit verbessert werden, wobei die Ernährung während des Sports

einen großen Einfluss hat. Gerade das in der Lernstation thematisierte Rehydrieren kann einen direkten Einfluss auf die Leistung haben, indem der beim Sport auftretenden Dehydration entgegengewirkt wird.
Hierin liegt auch die inhaltliche Überschneidung mit dem Bildungsplan Biologie. Humanbiologie, Ernährung und Verdauung wird hier als konkretes Ziel der inhaltsbezogenen Kompetenz Stoff- und Energieumwandlung angestrebt (Ministerium für Kultus, Jugend und Sport Baden-Württemberg 2016b, S. 14). Außerdem lautet ein Ziel der Kompetenz „Kompartimentierung“, dass die Schülerinnen und Schüler „die Funktionen von Zellbestandteilen beschreiben“ (ebd., S. 13) können. Im Rahmen der Lernstation wird vor allem die Funktion der Zellmembran als semipermeable Membran vertieft.
Neben den inhaltlichen Kompetenzen werden auch prozessbezogene Kompetenzen aus dem Bildungsplan für Biologie in der Lehr-Lern-Station aufgegriffen. Durch das Durchführen und Auswerten des Experiments wird die Kompetenz Erkenntnisgewinnung gestärkt, indem die Schülerinnen und Schüler eigenständig die Sachverhalte erschließen (ebd., vgl. S. 9). Insbesondere das Hantieren mit dem Osmometer als neuem Arbeitsgerät ist hier hervorzuheben. Die Übertragung der Versuchsbeobachtungen auf die eigene Lebenswelt, hier das Werbeversprechen eines Getränkeherstellers, fordert eine Einordnung der Sachverhalte, was der Kompetenz Bewertung zugeordnet wird. Das Bewerten der Aussagekraft von Darstellungen in Medien wird im Bildungsplan als konkretes Ziel auch explizit an dieser Stelle benannt (ebd., S. 11).

Die meisten Kompetenzen der Lernstation finden sich jedoch im Bildungsplan für Chemie. Eine inhaltsbezogene Kompetenz betrachtet unter anderem Teilchen und ihre Eigenschaften. Bei der Diffusion bezieht sich das vor allem auf wässrige Lösungen und ihre Eigenschaften (Ministerium für Kultus, Jugend und Sport Baden-Württemberg, 2016a, S. 14). Außerdem werden Diffusion und Brown'sche Bewegung als konkrete Ziele benannt, die beide mithilfe eines geeigneten Teilchenmodells von den Schülerinnen und Schülern beschrieben werden sollen (ebd., S. 15). Dabei sind auch zwischenmolekulare Wechselwirkungen relevant und ein Verständnis für den Lösungsvorgang von Stoffen auf Teilchenebene ist als Vorwissen essenziell. Auf letzterem baut die Erklärung der Diffusion und Osmose auf. Nur mit dieser Teilchenvorstellung kann ein korrektes Verständnis für die Prozesse im Experiment entwickelt werden (ebd., S. 18).

Weiter werden verschiedene prozessbezogene Kompetenzen aus dem Bildungsplan für Chemie angesprochen. Dabei gibt es Überschneidungen zum Bildungsplan Biologie. Alle für Biologie genannten prozessbezogenen Kompetenzen finden sich ähnlich auch im Bildungsplan für Chemie wieder. Darüber hinaus sind das Bilden von Hypothesen, das Erschließen von Fragestellungen gegebenenfalls mit Hilfsmitteln Aspekte der Kompetenz Erkenntnisgewinnung (ebd., S. 9). Eine weitere Kompetenz ist die der Kommunikation. Bei der Partnerarbeit tauschen sich die Schülerinnen und Schüler über die Sachverhalte sowie das Vorgehen aus und müssen dies unter Verwendung von Fachsprache erklären und fachlich korrekt argumentieren. Weiter ist das Dokumentieren eine unter „Kommunikation“ im Bildungsplan verankerte Kompetenz (ebd., S. 10). Letztlich ist auch in der Chemie die Kompetenz „Bewertung“ mit denselben Zielen wie in Fach Biologie im Bildungsplan vertreten (ebd., S. 11).

Relevanz und Lebensweltbezug

Das Thema Dehydration und der daraufhin nötigen Rehydration ist ein alltägerlicher Begleiter der Schülerinnen und Schüler. Bei warmen Temperaturen oder beim Sport verliert der menschliche Körper besonders viel Wasser, das daraufhin wieder aufgenommen werden muss. Dieses besonders starke Durstgefühl wird auch oft in der Werbung für Softdrinks und andere sehr zuckerhaltige Getränke angesprochen, um das eigene Produkt zu bewerben. Auch in den sozialen Netzwerken werden die Schülerinnen und Schüler mit dieser Art von Werbung konfrontiert. Viele professionelle Sportlerinnen und Sportler, aber auch Fitness-Influencer/-innen bewerben über ihre Kanäle Getränke verschiedener Art. Dies suggeriert das Bild, dass ihre sportlichen Leistungen durch den Konsum der beworbenen Produkte erreicht wurden. Viele Schülerinnen und Schüler blicken zu diesen Persönlichkeiten auf und nehmen diese als Autorität im Bereich Sport wahr. So entsteht der Glaube, dass auch sie die Produkte nutzen müssen, um die gleichen Ziele wie ihre Vorbilder erreichen zu können. Beispielsweise tritt Coca-Cola regelmäßig als Sponsor bei großen Sportwettbewerben auf. Insbesondere dieses Sponsoring wurde in letzter Zeit auch öffentlich kritisch diskutiert, beispielsweise als der Fußballspieler Ronaldo bei einer Pressekonferenz die Cola-Flaschen auf dem Tisch entfernte, da er diese nicht bewerben möchte[1]. Doch solche Vorfälle sind selten. Meist bleibt die Werbung unkommentiert im Raum stehen.

Mit dieser Werbung regelmäßig konfrontiert, müssen die Schülerinnen und Schüler in ihrem Alltag eine Konsumentscheidung treffen, welche Getränke sie zum Durstlöschen während oder nach dem Sport wählen. Diese Lernstation greift genau diese alltäglichen Erfahrungen auf. Sie soll die Schülerinnen und Schüler befähigen, die in der Werbung vermittelten Bilder kritisch zu hinterfragen und eine informierte Entscheidung zu treffen. Ein solches Verständnis für gesunde Ernährung kann dann auch direkt auf den Schülerinnen- und Schüleralltag angewendet werden.

Methodisch-didaktische Umsetzung

Es handelt sich um einen kompakten Versuch, der nur wenig Platz benötigt. Der Versuch bedingt, dass die genutzten Materialien auch nass werden könnten. Das bedeutet, dass die Stationskarten und Hilfskarten laminiert werden müssen. Außerdem sollte der Versuch an einem Ort stattfinden, der nass werden darf und an dem eventuell überlaufendes Wasser abfließen oder aufgefangen werden kann. Das kann durch ein Waschbecken oder eine Wanne gewährleistet sein.

Die Schülerinnen und Schüler kommen an die Station und finden das Osmometer für den Versuch präpariert vor. Sie beginnen mit der Stationskarte und machen sich daraufhin mit dem Osmometer vertraut. Um einen Vergleich mit Alltagsbezug zu kreieren, wird mit bekannten Getränken wie Cola oder Eistee gearbeitet. Als Alternative kann auch eine Zuckerlösung hergestellt werden. Damit ihr Zuckergehalt dem einer Cola entspricht, sollte die Lösung 11 g Zucker pro 100 ml Wasser enthalten. Die Schülerinnen und Schüler bauen den Versuch jeweils für eine Apparatur, B1 oder B2, auf. Die Apparaturen sind Osmometer und werden von der Lehrkraft vorbereitet und beschriftet. Die Aufteilung erfolgt hierbei über den Altersunterschied. Die ältere Person kümmert sich um den Aufbau und die Durchführung der Apparatur B1. Die jüngere Person folglich um Apparatur B2. Damit wird eine potenzielle Diskussion zur Aufteilung umgangen. Der einzige Unterschied zwischen B1 und B2 liegt in den verwendeten Flüssigkeiten. Als Alternative zum Leitungswasser könnte eine Ringerlösung genutzt werden. Sie ist näher an den physiologischen Bedingungen des Menschen, jedoch wird so das Konzentrationsgefälle geschmälert und der ablesbare Effekt wird verringert. Außerdem müsste dann Ringerlösung und ihre physiologische Bedeutung eingeführt werden. Um den Effekt der Osmose zu beschleunigen, könnte man destilliertes Wasser an Stelle von Leitungswasser nutzen. Dies ist jedoch alltagsferner.

Während der Versuch im Hintergrund abläuft, bearbeiten die Schülerinnen und Schüler die Aufgaben auf dem Arbeitsblatt, um das theoretische Hintergrundwissen zum Versuch zu erwerben. Der gewählte Lückentext wurde so konzipiert, dass eine Binnendifferenzierung möglich ist. Schülerinnen und Schüler, die bereits Vorkenntnisse haben, können die gesuchten Begriffe direkt einsetzen. Unbekanntes kann auf einer Hilfskarte nachgeschaut werden. Dort werden die relevanten Begriffe der Lücken grundlegend in einer Definitionstabelle erläutert.

Im nächsten Schritt gilt es, das theoretische Wissen auf die Osmometer zu übertragen. Daraufhin sollen die Schülerinnen und Schüler dann jeweils eine Hypothese pro Osmometer aufstellen. Abschließend lesen die Schülerinnen und Schüler den neuen Pegelstand ab und bewerten. Dabei wird keine quantitative Messung des Versuchs angestrebt. Die korrekte, mathematische Berechnung des osmotischen Druckes geht über den Rahmen des Versuches hinaus und hätte auch keinen direkten Einfluss auf die abschließende Erkenntnis der Lernstation. Das qualitative Erkennen, dass der Wasserpegel sich verändert oder gleichbleibt, reicht in diesem Rahmen aus. Die Ergebnisse werden auf dem Arbeitsblatt festgehalten.

1 Am 16.06.2021 während einer Pressekonferenz zur Fußball EM 2021.

Nachdem die Schülerinnen und Schüler den Versuch wieder abgebaut haben, können bei Interesse noch zwei Transferaufgaben bearbeitet werden.

Als Alternative zu diesem Versuch wäre es möglich, ein U-Glas mit einer Membran oder einem Diaphragma zu nutzen. Hier könnte dann der bei einem Konzentrationsgefälle an- beziehungsweise absteigende Pegel beobachtet werden. Die Entscheidung für den oben beschriebenen Versuch wurde getroffen, da hier das Ergebnis aufgrund der kleinen Kapillare schneller abgelesen werden kann. Zusätzlich ist die Kontaktfläche bei dem gewählten Aufbau groß, um schneller ein Ergebnis zu erzeugen.

Als weitere Möglichkeit könnten auch zwei Trinkgläser mit unterschiedlicher Konzentration genutzt werden. Hochkonzentriertes Zuckerwasser mischt sich nicht sofort mit Leitungswasser. So können zwei optisch unterscheidbare Phasen erzeugt werden, sofern man die Flüssigkeiten vorher eingefärbt hat. Hier ergibt sich aber das Problem, dass keine Membran eingesetzt wird, die für das Verständnis der Zelle vonnöten ist. Durch die fehlende Membran sind die Tonizitätsbegriffe nicht mehr auf das Experiment übertragbar. Es liegt keine Osmose vor.

Antizipierte Ergebnisse der Schülerinnen und Schüler

Die Schülerinnen und Schüler
- können die vorliegenden relativen Konzentrationsverhältnisse benennen und ein vorliegendes Konzentrationsgefälle dem Versuchsaufbau richtig zuordnen.
- verstehen die Unterschiede der verschiedenen Tonizitäten, das heißt sie können zwischen hypertonischen, hypotonischen und isotonischen Lösungen unterscheiden, und diese korrekt den vorliegenden Lösungen zuordnen.
- erkennen, dass während des Versuchs Wassermoleküle durch die Membran wandern.
- können erklären, in welche Richtung mehr Wassermoleküle bei einem Konzentrationsgefälle wandern und weshalb.
- erkennen die Semipermeabilität der verwendeten Membran und können dessen Relevanz für den Versuch beschreiben.
- verstehen die modellhafte Bedeutung des Experiments und können diese auf die menschliche Zelle übertragen.
- können die in der Lehr-Lern-Station erlangten Erkenntnisse auf ihren Alltag beziehen.
- hinterfragen Werbung für Getränke kritisch hinsichtlich ihrer Versprechen als Durstlöscher.

Mögliche Herausforderungen und entsprechende Förder-/Forderangebote

Als Differenzierung werden die theoretischen Hintergründe als Lückentext bearbeitet mit einer Hilfskarte, die die Definitionen der relevanten Begriffe tabellarisch beinhaltet. Die Schülerinnen und Schüler können entsprechend ihrer Vorkenntnisse und Bedarfe in der Tabelle die Begriffe nachschauen und dann die Lücken ausfüllen. So können Schülerinnen und Schüler, die sich bereits mit den Themen Diffusion oder Osmose auseinandergesetzt haben, auf ihr Vorwissen zurückgreifen. Andere können mithilfe der Tabelle die Begriffe kennenlernen und auf den Lerninhalt der Lernstation anwenden.

Beim Prozess der Osmose können Schwierigkeiten auftreten. Zum einen gibt es häufig Probleme bei der Teilchenvorstellung. Eine oft auftretende Fehlvorstellung ist, dass Schülerinnen und Schüler sich Wasser als Kontinuum und nicht als Teilchen vorstellen. Daher ist im Lückentext mit den theoretischen Grundlagen explizit benannt, dass eine wässrige Lösung ein Gemisch aus Wasserteilchen und gelösten Teilchen ist. Weiter werden dort stets die Teilchen der Stoffe und nicht nur die Stoffe selbst benannt. Eine weitere Schwierigkeit betrifft die Vorstellung der Semipermeabilität und ist ebenfalls oft mit der fehlerhaften Teilchenvorstellung verbunden. So ist die Vorstellung für viele Schülerinnen und Schüler ein Widerspruch, dass sich die beiden Seiten der semipermeablen Membran nicht vermischen, aber gleichzeitig die Membran bestimmte Teilchen durchlässt. Auch hier wirkt sich die Vorstellung einer Lösung als Kontinuum problematisch aus. Sie verhindert die Vorstellung von Lösungsmittel und gelösten Teilchen als separate Stoffe mit verschiedenen Eigenschaften. Als Hilfestellung wird den Schülerinnen und Schülern daher auf der Hilfskarte die modellhafte Vorstellung eines Teilchensiebs mitgegeben.

Kleinere Hilfestellungen sind direkt auf dem Stationsblatt und dem Arbeitsblatt angegeben. Sie werden beispielsweise bei Aufgabe 1 direkt in der Aufgabenstellung gegeben. Hier wird benannt, dass die Apparatur schematisch als Querschnitt gezeichnet werden soll, was die gängige Darstellungsart für einen Versuchsaufbau ist. Außerdem gibt es den versteckten Hinweis auf der Rückseite des Stationsblatts, falls die Schülerinnen und Schüler nicht eigenständig erkennen sollten, welche Beobachtungen sie bei dem Versuch machen können.

Für leistungsstarke Schülerinnen und Schüler bietet die Lernstation außerdem zwei Transferfragen, die das Gelernte auf weitere Szenarien übertragen. Diese Aufgaben werden als Bonusaufgaben gekennzeichnet. Die Schülerinnen und Schüler können dann frei nach Interesse und Leistungsniveau entscheiden, ob sie die Fragen bearbeiten wollen.

Benötigte Vorkenntnisse und Vertiefungs-/Weiterführungsmöglichkeiten

Als Grundvorstellung auf biologischer Ebene werden Kenntnisse des Aufbaus einer tierischen Zelle benötigt. Die Schülerinnen und Schüler können bereits die Bestandteile einer Zelle benennen. Dazu gehört auch, dass sie die Zellmembran als Abgrenzung zwischen dem Inneren einer Zelle, dem Zytoplasma, und ihrer Umwelt, dem extrazellulären Raum beschreiben. Dennoch ist es bestimmten Teilchen möglich, die Membran zu passieren.

Diesem Grundverständnis der Funktionsweise einer Zellmembran geht auch ein Teilchenverständnis voraus. Flüssigkeiten sind nicht kontinuierlich verlaufende Phasen. In Lösungen bleiben die Teilchen der einzelnen Stoffe erhalten, die durch intermolekulare Wechselwirkungen aufeinander einwirken. Das Verhältnis von gelösten Teilchen zu Lösungsmittelteilchen bestimmt dann die Konzentration der Lösung.

Die Schülerinnen und Schüler wissen, dass Blut eine wässrige Lösung ist, in der unterschiedliche Teilchen vorliegen. Blut transportiert diese gelösten Stoffe zu den Zellen der Venen und Arterien, die sie aus dem Blut aufnehmen können.

Als weiterführende Themen bieten sich die Behandlung der Funktionsweise einer Dialyse und die Arbeitsweise der Nieren an. Außerdem kann erarbeitet werden, warum eine Ringerlösung als Infusion in der Medizin genutzt wird. Hier kann zusätzlich angesprochen werden, weshalb kein reines Wasser und keine 0,9%-NaCl-Lösung verwendet werden sollten.

9.5 Verlaufsplan

Min.	Phase und Ziel	Lehr-Lern-Arrangement	Arbeitsweise (Methoden, Sozialform)	Arbeitstechnik (Material, Medien)
2	Einstieg Vertraut machen mit der Messapparatur	• Durchlesen der Aufgabe 1 auf dem Stations- und Arbeitsblatt • Messapparatur anschauen, in die Hand nehmen, auseinandernehmen	Partnerarbeit	Stationsblatt Arbeitsblatt
4	Versuchsaufbau zeichnen	• eigenständiges Anfertigen einer schematischen Zeichnung der Messapparatur	Einzelarbeit	Arbeitsblatt Stift
6	Versuchsanleitung lesen	• Aufgabe 2a) bearbeiten • Infobox 1 oder 2 durchlesen	Einzelarbeit	Stationskarte Infoboxen
8	Versuch aufbauen	• Aufgabe 2b) bearbeiten • Versuch aufbauen	Einzelarbeit, Expertenpuzzle	Messapparaturen Leitungswasser Becherglas Süßgetränk (o. ä.) Pipetten
10	Teilversuch vorstellen	• Aufgabe 2c) bearbeiten • Der/dem Partner/-in den aufgebauten Versuch vorstellen	Partnerarbeit, Expertenpuzzle	
14	Theoretische Hintergründe erarbeiten	• Aufgabe 3 bearbeiten • Lückentext ausfüllen • ggf. Definitionen auf Hilfskarte nachlesen	Partnerarbeit	Arbeitsblatt Stift Hilfskarte
15	Theoretische Hintergründe auf Versuch übertragen	• Aufgabe 4a), b) bearbeiten • Tabellen ausfüllen	Partnerarbeit	Arbeitsblatt Stift Hilfskarte
16	Hypothesen aufstellen	• Aufgabe 4c) bearbeiten • Hypothesen für die beiden Becher aufstellen	Partnerarbeit	Arbeitsblatt Stift
18	Versuchsbeobachtung, Hypothese überprüfen	• Aufgabe 5 bearbeiten • Messapparaturen/ Pegel in ihren Kapillaren vergleichen • Beobachtung aufschreiben • Beobachtungen mit Hypothesen abgleichen	Partnerarbeit	Arbeitsblatt Stift
19	Putzen	• Aufgabe 6 bearbeiten • Messapparaturen entleeren und reinigen	Einzelarbeit	Abfluss Messapparaturen Spritzflasche
20	Transfer	• Bonusaufgaben bearbeiten • Wissen über Osmose auf andere Szenarien	Partnerarbeit	Arbeitsblatt Stift

Literaturverzeichnis

Atkins, P. W. & dePaula, J. (2013).
Physikalische Chemie (5. Aufl.). Weinheim: Wiley-VCH.

Binnewies, M., Finze, M., Jäckel, M., Schmidt, P., Willner, H. & Rayner-Canham, G. (2016).
Allgemeine und Anorganische Chemie (3. Auflage). Berlin, Heidelberg: Springer Spektrum

Engel, T. & Reid, P. (2006).
Physical chemistry. San Francisco: Pearson Education, Benjamin Cummings

Lehninger, A. L., Nelson, D. L. & Cox, M. M. (2008).
Principles of biochemistry (5. Auflage). New York: W H. Freeman and Company

Ministerium für Kultus, Jugend und Sport Baden-Württemberg (2016a);
LPH 3/2016 Bildungsplan des Gymnasiums [elektronische Version],
Reihe G Nr. 16; Heft Nr. 25. Villingen-Schwenningen: Neckar-Verlag GmbH

Ministerium für Kultus, Jugend und Sport Baden-Württemberg (2016b);
LPH 3/2016 Bildungsplan des Gymnasiums [elektronische Version],
Reihe G Nr. 16; Heft Nr. 26. Villingen-Schwenningen: Neckar-Verlag GmbH

Ministerium für Kultus, Jugend und Sport Baden-Württemberg (2016c);
LPH 3/2016 Bildungsplan des Gymnasiums [elektronische Version],
Reihe G Nr. 16; Heft Nr. 29. Villingen-Schwenningen: Neckar-Verlag GmbH

Müller-Esterl, W. (2018).
Biochemie: Eine Einführung für Mediziner und Naturwissenschaftler (3. Aufl.).
Berlin, Heidelberg: Springer Spektrum.

Püschel, G., Kühn, H. & Kitzmann, T. (2011).
Taschenlehrbuch Biochemie. Stuttgart: Thieme.

Stationsblatt: Durst löschen mit Süßgetränken?

Aufgabe 1: Aufbau der Messapparatur

Mache dich mit der Apparatur vertraut. Bearbeite hierfür Aufgabe 1 des Arbeitsblatts.

Aufgabe 2: Rehydrieren beim Sport

Während du sportlich aktiv bist, kommst du ins Schwitzen und verlierst dabei Wasser. Um den Verlust wieder auszugleichen, musst du etwas trinken. Getränkehersteller bewerben hierfür ihre Süßgetränke. Doch löschen diese wirklich den Durst?
Im folgenden Versuch untersuchst du, wie Wasser aus einem Getränk wieder aufgenommen wird. Dazu vergleichen wir Wasser mit einem Süßgetränk.

a Lies dir den Versuchsaufbau in einer der beigelegten Infoboxen genau durch. Die ältere Person von euch beiden liest Infobox 1, die jüngere Person Infobox 2.

b Befolge die in der Infobox beschriebenen Schritte und baue den Versuch auf.

c Erkläre deinem/r Partner/-in, was du gemacht hast.

Aufgaben 3 bis 5: Hintergrundinformationen zum Versuch

Um zu verstehen, was gerade bei dem Versuch passiert, bearbeitet gemeinsam Aufgabe 3 und 4 auf dem Arbeitsblatt. Haltet anschließend eure Versuchsbeobachtungen in Aufgabe 5 fest.
Hinweis: Vergleiche den Wasserpegel in den Röhrchen.

Aufgabe 6: Abbau

Entsorge die Flüssigkeiten deiner Apparatur im Abfluss und spritze den Trichter von außen mit der Spritzflasche ab. Baue anschließend die Apparatur wieder zusammen, damit nachfolgende Gruppen die Station wieder so vorfinden, wie du sie vorgefunden hattest.

Bonusaufgabe: Andere Kontexte

Wenn du möchtest, kannst du jetzt noch das Gelernte auf andere Kontexte anwenden. Bearbeite dafür die Bonusaufgabe auf dem Arbeitsblatt.

Cornelsen
Erarbeitet von: Leander Scholz & Lea Fink;
MINT interdisziplinär unterrichten: Lernstationen für Biologie, Chemie und Sport, 2024
Illustration: Stella Wolski

Infoboxen: Durst löschen mit Süßgetränken?

Durst löschen mit Süßgetränken? – Infobox 1: Versuchsaufbau B1

1 Nimm den Deckel vom Becher mit der Aufschrift B1 ab.

2 Befülle den Becher bis zur Markierung mit dem Süßgetränk, das bereitsteht.

3 Befülle vorsichtig den Trichter über das Kapillar bis zur Markierung auf dem Kapillar mit Leitungswasser aus dem Becherglas. Verwende dafür die beiliegende Pipette und achte darauf, dass sich keine Luftblasen bilden.

4 Verschließe den Becher mit dem Deckel.

Durst löschen mit Süßgetränken? – Infobox 2: Versuchsaufbau B2

1 Befülle das beistehende Becherglas mit Leitungswasser.

2 Nimm den Deckel vom Becher mit der Aufschrift B2 ab.

3 Befülle den Becher bis zur Markierung mit dem Leitungswasser.

4 Befülle vorsichtig den Trichter über das Kapillar bis zur Markierung auf dem Kapillar mit Leitungswasser aus dem Becherglas. Verwende dafür die beiliegende Pipette und achte darauf, dass sich keine Luftblasen bilden.

5 Verschließe den Becher mit dem Deckel.

Hilfskarte: Durst löschen mit Süßgetränken?

Durst löschen mit Süßgetränken? Hilfskarte	
Fachbegriff	Definition
Tierische Zelle	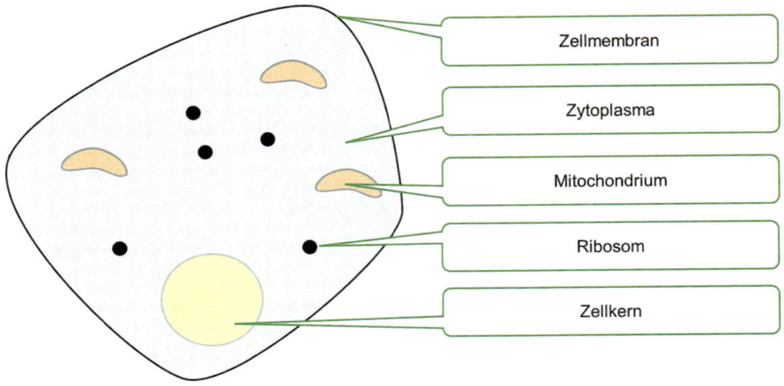
Semipermeable Membran	Eine Membran, die nur von bestimmten Stoffen passiert werden kann (selektiv) oder nur in eine Richtung durchlässig ist. Modellhaft kann man sich das wie ein Sieb für Teilchen vorstellen.
Konzentrationsgefälle	Ein Konzentrationsgefälle liegt vor, wenn an zwei Orten eine unterschiedliche Konzentration vorliegt.
Brown'sche Bewegung	Alle Teilchen sind ständig in Bewegung. Dabei bewegen sie sich zufällig. Stoßen dann Teilchen zufällig zusammen, ändern sie ihre Richtung.
Diffusion	Die Stoffverteilung in einem Medium ohne Energieverbrauch und Einfluss von außen. Sie gleicht ein Konzentrationsgefälle aus.
Osmose	Eine Form der Diffusion. Hier findet die Diffusion durch eine Semipermeable Membran statt. Das Lösungsmittel kann diese Membran passieren, während die gelösten Teilchen zurückbleiben. Der Ausgleich folgt einem Konzentrationsausgleich, indem mehr Lösungsmittelteilchen von der hypertonischen Lösung durch die Membran diffundieren als von der hypotonischen Lösung.
Osmotischer Druck	Der Druck, der bei einer Osmose auf die beiden Lösungen wirken muss, damit sich ein Gleichgewicht einstellt. Das heißt, gleich viele Teilchen diffundieren durch die semipermeable Membran von der einen zu der anderen Lösung.
Tonizitäten (hypertonische, hypotonische, isotonische Lösung)	Die Tonizität einer Lösung kann nur relativ im Vergleich zu einer anderen Lösung bestimmt werden und bezieht sich auf die Verhältnisse bei der Osmose. Eine hypertonische Lösung ist eine Lösung mit einer höheren Konzentration. Eine hypotonische Lösung ist eine Lösung mit einer niedrigeren Konzentration Eine isotonische Lösung ist eine Lösung mit einer weitgehend gleichen Konzentration.

Cornelsen
Erarbeitet von: Leander Scholz & Lea Fink;
MINT interdisziplinär unterrichten: Lernstationen für Biologie, Chemie und Sport, 2024
Illustration: Leander Scholz